张扬使人浮躁 低调使人安静

# 生活因恬淡而美好

主编 拾月
编著 冯军

图书在版编目（C I P）数据

张扬使人浮躁 低调使人安静：生活因恬淡而美好
冯军编著. -- 北京：现代出版社, 2015.4
ISBN 978-7-5143-3518-7

Ⅰ. ①张… Ⅱ. ①冯… Ⅲ. ①人生哲学－青少年读物
Ⅳ. ①B821-49

中国版本图书馆 CIP 数据核字(2015)第 067821 号

张扬使人浮躁 低调使人安静：生活因恬淡而美好

---

主　　编　拾　月
编　　著　冯　军
责任编辑　王敬一
内文制作　诚美天下文化传播有限公司
出版发行　现代出版社
地　　址　北京市安定门外安华里 504 号
邮　　编　100011
电　　话　（010）64267325
传　　真　（010）64245264
邮　　箱　xiandai@cnpitc.com.cn
网　　址　www.1980xd.com
印　　刷　三河市华晨印务有限公司
开　　本　700mmx1000mm　1/16
印　　张　9
版　　次　2015 年 5 月第 1 版　2021 年 3 月第 3 次印刷
书　　号　ISBN 978-7-5143-3518-7
定　　价　29.80 元

# 前言

青少年是社会最宝贵的财富，是人类的希望和未来，正所谓“少年强则国强”。正因为如此，大至一个国家、一个民族，小至一个家庭、一个家族，都特别重视青少年的教育问题。希望他们成为社会的中坚，家族的骄傲。一句话，就是希望他们成为成功的人。于国，能成为有用的人才；于家，能成为顶梁柱。不仅仅要学习好，还要有辨别人世间的善、恶、美、丑的能力。在每个人的人生中，除了需要自身的因素之外，还需要拥有感受世界的能力。

奋斗、入迷，能够凝结青春的斗志，坚定自己的思想，让青少年变得愈加阳光朝气。

愤怒、恐惧，能够学会操控自己的情绪，让自己无所畏惧的前行。

哀伤、困惑，能够端正青少年人生态度，获得积极的正能量。

时间、低调，能够规划行动，懂得韬光养晦，让人生不在纠结、忧郁中度过。

成就、心态，能够体会到收获的喜悦，修炼出一颗无比强大的内心。

青春，是每一个人最美好的一段时光，也是每个人人格、性格定型的重要阶段，在这个时期，我们需要享受青春的快乐，同时也需要完成自我塑造。通过心理自助，最终从一个小男生、小女生逐渐成长为一个有着健全人格的人，成长为一个对社会、对家庭、对自我有着相对完整认知的人，成长为能够为自己的未来做主的人。这才是一个最充实、最有价值的青春。每个梦想都值得我们认真对待，每个青少年都是未来的希望。在青春之中，我们不仅要有欢乐，同时也要拥有未来！

本丛书是你化解烦恼的“心灵鸡汤”，可以给你增加快乐的心理自助法则；本丛书会让你认识到：掌控心理，方能掌控世界；改变自己，才能改变一切。本丛书还将告诉你：只有实现积极的心理自助，才能收获快乐而充实的青春。

# 目录

## 第一篇 放低姿态：做到为人谦和是一种智慧

## 第二篇 掩饰锋芒：做一个能安静积蓄能量的人



## 第三篇 学会让步：放下执念，你会拥有更多

# 目录

## 第四篇 留有余地：用心开垦一块温暖的土地

## 第五篇 谨慎言谈：与其夸夸其谈不如安静倾听

第一篇

# 放低姿态：做到为人谦和是一种智慧

为人谦和是一种姿态，更是一种智慧。谦和的人平易近人，把低调的品质发挥得淋漓尽致。任何人都愿意与这样的人交往。当然，为人谦和，处事不争，不代表就是软弱的表现，相反，一般越有实力的人，为人越谦和。

# 让人不是一种懦弱的表现

## 故事话题

曾经，有一位记者接到任务，要去拜访一位声名显赫的大政治家。记者此行的目的并不是出自善意，反而，他需要获得这位政治家发生的一些丑闻资料，拿到后公布于众，让这位政治家颜面尽失，以至于在接下来的竞选中陷于被动。

记者见到政治家后，还没有说什么，政治家就通过察言观色，感受到了记者眼中的敌意。政治家心里格外清楚，如果自己不谨慎一些，很有可能就会落入对方的圈套。

那么，如何来应付这位来者不善的记者呢？政治家思量很久，他没有以高高在上的身份接见记者，而是以一个普通的小人物身份来接待客人。记者没有想到，这位鼎鼎大名的政治家竟然如此低调，所以颇感意外。但是，让他感到非常意外的事情还在后面呢……

见面之后，他们二人都还来不及寒暄，政治家就先开口了，对想质问他的记者说："时间还很长呢，我们慢慢谈吧。"

不一会，一位仆人将两杯咖啡端上桌来，政治家先端起一杯咖啡喝了一口，不料，他立即大喊一声："哦！好烫！"随后，咖啡杯子滚落在地。

仆人马上收拾好落地的杯子，这时，政治家又拿出一根香烟，然后没注意将香烟倒着插入嘴中，从过滤嘴处点火。记者看到这时，赶忙提醒政治家："先生，你将香烟拿倒了。"

政治家听到后，表现很慌忙，他急匆匆地将香烟拿正，又不料将烟灰缸碰翻在地。

要知道，这可是一直趾高气扬的大政治家，此时，却出了一连串的洋相，这样记者大感意外，然而，就在不知不觉中，最初那种挑战的情绪骤然消失了，甚至，他对政治家还产生了一种亲近感。

实际上，这些洋相都是政治家一手安排的。

当这位记者发现杰出的权威人物也有许多弱点时，曾经对他抱有的敌意情绪随之消失，反而产生了一种亲切感。想必大家也已经知道了，最后，报纸上的内容并不是政治家的丑闻，而是宣扬他平易近人的正面文章。

## 故事解析

适当的示弱，可以能使当下处境中，那个不如自己的人瞬间达到心理的一种平衡，这样，十分有利于与在人交往时掌握主动。示弱还能在与人接触时，促使对方对你推心置腹地交谈，所以，有意以己之短比人之长是很有必要的。

有时候，示弱还表现在行动上。当你的事业已经处在一个有利的地位时，更获得一定的成功，那么，即使你是可以有条件和别人竞争，此时你也要懂得尽量回避和退让。换句话说，平时对小名小利应看淡一些，或是疏远一些，因为，你此时的成功已经引起了某些人的嫉妒，此时，最好不要再为一点微名小利而引火烧身，应当让出一部分名利给那些暂时处于弱势中的人，让大家在心理上获得一种平衡，这样在交往时就会更加和谐一些。

让人不是懦弱的表现，是收而不是放，是守而不是攻。所以，让人能够获得一种无形的力量。可以说，为人处世中，那些懂得让人或是懂得示弱的人，也是能够在人际交往中掌握主动权的人。

大都懂得让人的人都是为人谦逊的。俗话说：“金无足赤，人无完人。”每个人都会有出现过失的情况，所以，每个人都有需要别人让步和原谅的时候。但是，大多数人往往在对待自己的过错时表现得很宽容，而对待他人过失时就没那么大度了，而是会把注意力集中在过错上，这样是不对的。

## 故事穿越

在美国经济大萧条时期，有一位姑娘，她 17 岁，当时，她通过努力好不容易找到一份在高级珠宝店当售货员的工作。

在平安夜那天，她在值班，当时，店里来了一位约 30 岁左右的男子，男子衣衫破烂，一脸悲哀的样子，他用一种不可企及的目光，直直地盯着柜台里的那些高级首饰。

就在这时，珠宝店的电话响了起来，姑娘着急接电话，但不小心将一个装着戒指的碟子碰翻在地，导致有 6 枚精美的金戒指散落到了地上。姑娘这时也顾不上接电话，慌忙去捡戒指，但只找到了 5 枚，第 6 枚到哪里去了？她怎么也找不到了。

姑娘在无意中抬了一下头，看到刚才目光发直的男子正向门口走去，她顿时想到了……

当男子的手马上要触及门把手的那一瞬，姑娘走上前去，柔声说了一句：“对不起，先生！”

男子立即转过身来，两人就这样相视了足足有一分钟，直到 1 分钟以后，男子说：“什么事？”

此时，男子脸上的肌肉在抽搐。姑娘一时不知说些什么，因为她还没想到用什么话语才是最恰当的。

“什么事？”男子再次问道。

姑娘这才幽幽地说了句：“先生，您一定知道，现在找个事儿做很难的，这是我第一次工作。”

男子听完姑娘的话，长久地审视了一会这位姑娘，终于，男子的脸上浮现一丝柔和的微笑。男子说：“是的，的确如此！但是我能肯定，你在这里会干得不错。”

男子向前一步，把手伸向姑娘的手，说：“我可以为您祝福吗？”

然后转过身，慢慢地走向门口。姑娘目送着他的身影消失在门外，转身走向柜台，把手中握着的第 6 枚金戒指放回了原处。

## 故事微语

这位姑娘的做法，表现出她很尊重、谅解对方，然后以“同是天涯沦落人”的凄苦言语瞬间博得了这位男子的真切同情。男子虽是流浪儿，衣衫褴褛，地位低下，但此时却捏有打破她的饭碗的金戒指，极有可能使她也沦为“流浪汉”。因此，“这是我第一个工作……现在找个事儿做很难”这句真诚朴实的表白，饱含着惧怕失去工作的痛苦之情，也饱含着恳请对方怜悯的求助之意，终于感动了对方；对方也巧妙地交还了戒指。

故事中的这位姑娘，用柔和的言辞解决了这么一场小危机，没有将事情闹大，可谓收到了一个很好的结局。试问：“你能像这位姑娘这样低调地去处理吗?”

也许，大多数人的第一反应都是着急着大吵大嚷，或是急忙报警，没错，这样也可能找回戒指，但是方法要差很多，并没有这位姑娘处理得巧妙。姑娘既达到了目的，也为对方保住了面子。可见，这位姑娘首先做出了让步，而男子也顺着“梯子”走了下来。

在面对理亏的人时，要低调一些，尽量不要将其劣行公之于众，让人家颜面尽失。这样做，不仅能顾及到他人的面子和自尊心，最重要的，起到的警示作用一点也不比“硬碰硬”少。

## 心灵箴言

开诚心，布大度。

——康有为

与人为善就是善于宽谅。

——[美] 弗罗斯特

君子忍人之所不能忍，容人之所不能容，处人之所不能处。

——马南邨

# 切记“高处不胜寒”

## 故事话题

西汉初，有为儒士叫叔孙通，他多次运用了“匍匐前进”的策略，取得了傲人的成果。在刘邦建立汉朝时，礼法混乱，后来，当国家给予整治机会时，他感觉时机成熟，便站起身来，大显身手，他的作为取得了骄人成果，让刘邦抛弃了对读书人的成见，也认识到了他们的巨大作用。

最早，叔孙通因为有文才而被秦朝朝廷征召。在秦二世继位后，发生了著名的历史事件——陈胜、吴广造反。秦二世召集当时只剩下的 30 多个谋士问：“听说有人造反，真的吗？”

那时候，谋士们早就想向皇帝提出相关意见了，于是借题发挥，把天下的乱象统统说了一遍。只有叔孙通例外，他说：“没有的事，不过是些小毛贼。郡守正在捉拿，不足为患。”

二世听了深感高兴，于是下令让法官去追查那些说造反是实情的谋士，相反，对叔孙通进行了大大的嘉奖。众谋士不解，走回馆舍，对叔孙通进行责问，说：“先生说话怎么能这样拍马屁呀？”

叔孙通说：“诸位不明白，我是虎口逃生啊！”

他说完这句话后，就赶紧收拾行装溜之大吉了。因为，他认为秦王朝已经没有希望了。

后来，叔孙通投奔汉王刘邦。刘邦是一个向来都看不起读书人的人，甚至有拿儒生帽子当便壶的思想，所以一见读书人就骂。最开始，叔孙通处处不顺，连饭也吃不下，什么气都受。而刘邦只要一见叔孙通穿着一身儒生服装，就觉得不顺眼，非常厌恶。叔孙通见势不妙，立即换衣服，穿成楚人的短装模样，刘邦这才高兴了。

当初，叔孙通投靠汉王时有 100 多个弟子跟随他，但并没有推举他的弟子们，而是捡那些出身于群盗的强壮之徒加以推荐，弟子们暗地里不服，都偷偷骂他：“服侍先生几年，却不推荐我们，一味举荐那些大强盗，这是什么道理？”

叔孙通听到后对他们说：“汉王现在冒死打天下，你们能打仗吗？现在没有我们读书人出力的机会。你们要耐心些，我不会忘记大家的。”

果然，刘邦建立汉朝后，大臣们在议事时极为不讲秩序，没有规矩，

总是乱七八糟的，甚至还有喝醉酒乱喊乱叫的、拔出剑来砍柱子的……刘邦看在眼里，深感担忧。

叔孙通见时机到了，就去见刘邦，建议他制定礼法。刘邦却斥责他："我的天下是马上得来的，你们读书人算什么？去你的！"

叔孙通委婉地说："陛下可以在马上得天下，却不可以在马上治理天下。"

刘邦虽然是莽夫，但也能明白叔孙通的话是有道理的，就问他该怎么办？叔孙通便向他提出制定上朝礼仪的计划。叔孙通大约用了几个月的时间，终于将规划好的"朝班"礼制都演习好后，最后请刘邦出来坐朝。

刘邦上朝，看到文武百官按照官职大小都在宫门外排列等候他，宫门外还悬捧着五颜六色的旗帜。然后，听到传令官发出一声号令，大臣们都肃穆恭敬地按顺序快步上殿，然后跪拜山呼："吾皇万岁万万岁！"

这是何等的气派和威严！刘邦当然十分满意，当即任命叔孙通为太常，赏赐黄金 500 两。追随叔孙通的那些儒生们也都一一受到了赏赐和提拔。叔孙通为汉高祖建立的"朝班"制度，经历代沿革，一直到清朝末年，实行了近两千年。从此，封建社会的政治体制思想一直受他的影响。

## 故事解析

一般来说，读书人都很清高，他们会认为自己是读圣贤书的人，当然不是凡夫俗子，自然要高贵一些。但如果叔孙通在强硬势力面前不肯放下身段，认为如果自己屈服了，那就是丢了读书人的脸，想必一定等不到他发挥能力的一天。这样，一个有才华的人就被迂腐所累了。要知道，以退为进也是一种智慧。

叔孙通就表现得与别人不一样，他没有被这些世俗的规则所束缚，但他观察到秦二世是个昏庸无能的家伙之后，知道国将不国，于是低调保身，退而求全，投奔了刘邦，继续像以往那样低调行事，从来不以读书人的身份自居。

虽然得不到刘邦的礼遇，他没有据理力争，反而隐忍退却。因为他知道，想体现自己的价值还不是时候，为了能够真正做好一番事业，他放下身段，低调行事，最终成了一代儒学宗师，开创了几千年的儒家礼仪制度。

人生活在世上，要想有更好的发展，就要学会顺时而动，应时而变。真理告诉我们：与其让环境适应自己，倒不如自己主动去适应环境。当所处的环境要求自己弯腰前行的时候，不要吝惜放下身段，如果一味挺直腰板，想必吃亏的只是自己。低调一些，因为，高姿态就是你自己徒然设下的陷阱。

时机不利时，弯下身子，甚至是匍匐前行，这样做并不代表你懦弱、畏缩，而是因为匍匐前进不仅可以减少你的阻力，更是让你积蓄力量，以备在站直身子之后能够长久直立。这也是低调之人的处世策略。

## 故事穿越

韩信是西汉时淮阴人，他家里十分贫穷，长大后也没有事干，就在城下钓鱼为生。当时，隔壁肉铺里有个人见韩信好欺负，就对韩信说：“别看你长得那么高大，还那么喜欢带着把剑游来荡去的，其实不过是个胆小鬼罢了。”

再说完这些话后，他还觉得侮辱得不够，又当众辱骂韩信说：“你如果不怕死，就刺我一剑；如果怕死，就从我裤裆下钻过去。”

韩信左右看了看，又仔细想了一下，于是，他俯身从那人裤裆下爬了出去，这一行为使全街的人都笑他是个懦夫。

后来，腾公向汉高祖刘邦说起韩信，起初刘邦对他并没有很好的印象，所以并没有重用他，韩信也因为感到无用武之地就偷偷地逃跑了。萧何知道韩信有谋略，就亲自追他回来，并对汉高祖说：“韩信是无双的国士，你要争得天下，非要用韩信不可。所有计事的人都要拜请他，选一个日子，要斋戒、设立坛位、完备礼教才行。”

刘邦这才答应，并拜韩信为大将军。等到刘邦取得天下之后，韩信被封为齐王，位为淮衡侯。

## 故事微语

如果最早时，韩信不能忍受胯下之辱，用手里的剑刺向欺负他的人，那么，定没有日后的常胜将军了！相反，韩信的巨大忍耐力，放下身段，最终保全自己，使自己拥有功成名就的机会。《朝天忏》称：“人之所以富贵，为世人所尊重都是从忍辱中间得到的。”

想要成就大事，需要心胸宽广，如果不能接受他人的嘲笑，将会受到别人更多的挑剔和攻击。人的一生中，需要忍受的东西很多，逞一时的威风，往往不会有好结果。

历史上，有多少名人志士的“忍耐”之性格、“忍耐”之功夫为我们做出了榜样。有句谚语说：“得忍且忍，得戒且戒，小事成大。”古语又说：“木秀于林，风必摧之。”一味趾高气扬的人大都没有好结局。相反，能够放下身段的顽强的忍耐者，定能走过大风大浪，最终成就大事。

## 心灵箴言

高一步立身，退一步处世。

——琮琼

忍耐是一帖利于所有痛苦的膏药。

——[西班牙] 塞万提斯

何事纷争一角墙，让他几尺也无妨。长城万里今犹在，不见当年秦始皇。

——林翰

# 低调更是一种实力的体现

## 故事话题

1893年秋，恩格斯去瑞士、奥地利和德国这三个国家进行旅行访问。这些国家的工人群众因为十分热爱他，于是，自发为他举行了盛大的欢迎会。恩格斯得知后，再三强调说：“这完全不适合我。”

在苏黎世、维也纳和柏林时，他那时候不得已到集会上进行讲话，这时候，他经常指着悬挂在会场上的马克思的像说：“我只是作为马克思的战友来接受大家欢迎的，我在分享马克思的荣誉。”然而，当需要谈到他自己的时候，他却说：“如果说我在参加运动的50年中的确为运动做了一些事情，那么，我并不因此要求任何奖赏。我的最好的奖赏就是你们！到处都有我们的同志：在西伯利亚的监狱里，在加利福尼亚的金矿里，直到澳大利亚……这使我感到骄傲！”

1890年11月下旬，恩格斯即将过70大寿，当时贺信和贺电就像雪片一样，从各个国家地区飞向他的住所，而倍倍尔和李卜克内西等人，也打算专程从柏林来向他祝贺。但是，恩格斯一再表示，这种行为没有必要，他不能接受。倍倍尔再三表示坚持，还表明他要到伦敦顺便会见一下英国工人运动的领导人，恩格斯听到这里才勉强同意他们来参加他的家宴，表示只此一次。

对于马克思的幼女、英国工人活动家爱琳娜，恩格斯也因为她太过赞扬他而表示批评。爱琳娜在《德国社会民主党人》月刊上发表了一篇祝贺他寿辰的文章，恩格斯批评她不该“过分地颂扬我。”

## 故事解析

恩格斯的伟大，在于他一辈子都十分低调，他生前最反对人们以任何形式推崇他个人，也“从不考虑死后的荣誉”。并且，在晚年，恩格斯多次表示：“自己作为马克思的一个不太出色的战友和助手，得到了过多的荣誉和过高的评价。”对此，他曾经对梅林说过：“历史最终会把一切都纳入正轨，但到那时我已幸福地长眠于地下，什么也不知道了。”

对恩格斯来说，他并不需要后人因为他而树碑建馆，比起这个，他更希望他在故乡那个自有的房屋，有朝一日能可以成为党的印刷厂厂房。

从恩格斯身上可以看出，越是真正伟大的人物，越是取得巨大成就的人，为人越是低调，他们并不求名利，这让他们更加的受人尊敬。相反，那些只是稍有小成就就飘飘然的自视甚高的人，他们往往会到处炫耀、四处吹嘘，同时招来别人的嘲讽和讥笑。

低调做人是一种实力的体现，更是一种超脱的生活境界。甘于低调做人的人，他们会以一颗平常心面对这个喧嚣的世界，他们不愿意在为人处世上表现出骄慢、卖弄和过分张扬的姿态来，而是把自己的举止言行融于常人当中，并始终把自己看作是社会上普普通通、实实在在的一员。这不仅是一种做人的标准，也是一门做人的艺术。

## 故事穿越

印度最著名的佛学院中，有一个是孟买佛学院。它的建院历史久远、建筑辉煌、还培养出了许多著名的学者，因此尽人皆知。除此之外，孟买佛学院还有一个区分于其他佛学院的细节。所有进入这里的人，在他学成出来的时候，都会承认正是这个细节使他们顿悟，更让他们受益无穷。

这是一个非常简单的细节，只是，大多数人从来不去注意：在孟买佛学院的正门一侧，学校刻意开了一个小门，小门有1.5米高、40厘米宽，如果一个成年人要从这里进去，必须学会弯腰侧身，不然只能碰壁。

这就是孟买佛学院给它的学生上的第一堂课。

每一个来校的新生，都会被引导来从这个小门进入。很显然，所有的人都是弯腰侧身进出的，尽管看起来有些奇怪，风度也因此减去大半。教师说：“大门自然更方便出入，而且能够让一个人很体面很有风度地出入。但是，有很多时候，我们要出入的地方并不都是有着壮观的大门的。这个时候，只有暂时放下尊贵和体面的人，才能够出入。否则，有很多时候，你就只能被挡在院墙之外了。”

## 故事微语

佛学院的教师们告诉他们的学生，佛家的哲学也能从这个小门里体现，而人生的哲学往往也躲藏在这个小门里。

虽然我们中大都不是佛教徒，甚至没有宗教信仰，但是，我们都需要用自己的脚走完自己的人生之路。要使自己在人生旅途中少遇挫折，多一些一帆风顺，就要低调一下，学会“低头弯腰”。

低调做人正是这种修炼的最佳境界。对于一个行事低调的人来说，他的人生价值在于为社会做了多少贡献，而不是留下了多少美名。一个人只要为社会做出了真正的贡献，给人民带来了利益，即使不树碑建馆，不高调宣扬，也会永远留在人民心中。

## 心灵箴言

持心如衡，以理为平。

——刘基

混迹尘中，高视物外。

——陈继儒

谦让别人就是处世之道。

——[日] 野口英世

# 自嘲，让你的生活变得更有趣味

## 故事话题

在“纽约南社”举行的一次午宴上，主人为了恭维威尔逊，把刚被选为新泽西州州长的他介绍成是“未来的美国大总统”，对于那些思想浅薄的人来说，面对这种恭维时，一定会表现出洋洋得意、不可一世的神态，但是，威尔逊可不这样。

威尔逊在讲了几句开场白后，就将矛头对准针对这个抬举他的人，他开起了玩笑说：“我感觉自己在某一方面——我希望只是在这方面——类似于别人给我讲的一个故事里的人物。”

接着，他讲了这样一件趣事：

有一次，几个朋友在凑在一起聚会，当时，有个朋友想挑战一下一种有名的威士忌——“松鼠”酒，为什么叫“松鼠”呢？据说，凡是喝过这种酒的人都会爬树。结果，有位先生喝得太多了。所以，当大家一起去搭火车返回时，他乘坐相反的方向了，本来他应该往北去，而他却坐上了往南的火车。他的伙伴们都想把他弄回去，于是，就打电报给列车管理员说：“请把那个叫约翰逊的小子送到往北走的火车上来，他喝醉酒了。”没想到，对方马上就进行了回复，说：“请说得详细点。这车子里有 13 个这样的人——他们既不知道自己的姓名，也不知道目的地在哪儿。”

说完这个故事后，威尔逊幽默地说：“我现在倒确实是知道自己的名字，可是我却不能像那位先生一样确定我的目的地在哪儿。”听众听完这个故事哄堂大笑。

## 故事解析

那些像威尔逊那样敢于自嘲的人、敢于说笑话进行自我打趣的人，他们通常很少会有嫉妒自己敌人的心理，这样，他们在与别人交往时往往会相处得很融洽。威尔逊的自嘲就取得了很好的效果。

当然，威尔逊这番自嘲的目的并不仅仅是博得大家一笑，实际上，他正是用了一个巧妙的、最有力量的方法来提高自己。这个方法便是以降低自己的“自我”为代价，把别人的“自我”提高起来，这样一来，就能很好地消除人们之间的嫌隙，从而获取人们对他的支持和帮助。

在听了故事而发笑的人中间，大部分都对威尔逊产生了好感。

适当自嘲，这种说话方式对我们大有裨益，许多低调的人都是利用这种说话方式而获得显著的结果的。

通过自嘲来赢取别人的好感，这种方法确实很有效，但是即使这样，仍然有大多数人不愿采用。因为，他们觉得在公众面前应该展现一个完美的自我，所以不愿进行自我暴露缺点。觉得那样会让自己的形象在人前大打折扣。但这也是一种不自信的表现。

## 故事穿越

魏晋文人刘伶是喝酒的高手，也是自嘲的高手。刘伶醉酒之后，并非如死猪一般酣睡，他能妙语如珠，令人莞尔。他瘦小干巴，其貌不扬，有次喝醉酒之后，与人发生冲突，那人捋起袖子伸出拳头准备“修理”刘伶，刘伶也把衣服撩起来，不过他不是来动武的，他露出狰狞可数的一排排肋骨，慢条斯理地说：“你看看，我这鸡肋骨上有您放拳头的地方吗?”那人大笑着离开了。刘伶及时地自嘲，有四两拨千斤之效，不但免了一顿皮肉之苦，还留传下来一段佳话。

## 故事微语

通过刘伶的故事我们能够看出，自嘲是一种鲜活的态度，它可以使原本很沉重的东西刹那间变得很轻松无比，会让别人砸过来的重拳落在棉花上。在当今社会，自嘲就是低调的为人处世技巧，当有些人认为自己可能会被人指责时，就会先自我反省一番，这种方法不管是对通情达理的人还是刁钻找茬的人都十分适用。要知道，人本来就是存在缺陷的，犯错更是必不可少的生活经历，但是，如果你能够真诚的面对问题，如果在加上些幽默的自嘲的话语，那就可以更好地解除不可避免的麻烦。

## 心灵箴言

谦虚是不可缺少的品德。

——[法] 孟德斯鸠

横眉冷对千夫指，俯首甘为孺子牛。

——鲁迅

劳谦虚己，则附之者众；骄慢倨傲，则去之者多。

——葛洪

# 人们往往喜欢和谦逊的人交往

## 故事话题

在西汉末年，冯异竭尽全力帮助刘秀打天下。有一次，刘秀不幸被河北王郎围困，当时有很多人见他无望，便离他而去，但是冯异始终对刘秀不离不弃，伴他左右。冯异宁肯自己饿肚子，也会将获得的豆粥、麦饭献给刘秀。

在河北之乱平定后，刘秀纷纷对部下进行论功行赏，面对奖赏，众将纷纷邀功，冯异却一个人坐在大树底下，对当初照顾刘秀之事闭口不谈，也不报请杀敌军功。人们深知他谦逊礼让，所以就给他起了个“大树将军”的绰号。

而后，冯异又多次立下赫赫战功，但在论功行赏时，他都默默退居廷外，从来不让刘秀为难。

公元 26 年，冯异大败赤眉军，成功歼敌 8 万人，让对方的主力丧失殆尽。刘秀驰传玺书，要对他论功行赏，冯异没有因为这次功劳而居功自傲，而是马不停蹄地进军关中，投身到讨平陈仓、箕谷等地乱事之中。

冯异功劳显赫，必然遭人嫉妒，有人向刘秀诬告他不好，但刘秀不为所惑。通过那么多件事情，刘秀知道冯异是什么样的人，所以不听谗言，反而将冯异提升为征西大将军，领北地太守，封阳夏侯。此外，还在冯异班师回朝时，当着所有大臣的面，郑重赐他珠宝钱财，还刻意向诸大臣讲述当年的豆粥、麦饭之恩。那些进谗言的大臣们听到这些事情后，都羞愧得无地自容。

## 故事解析

自古以来，我国就有谦虚的美德，这方面的名言警句也很多，如“谦受益，满招损”，“谦虚使人进步，骄傲使人落后”，“虚心竹有低头叶，傲骨梅无仰面花”，“百尺竿头，还要更进一步”……

事实上也是如此，没有一个人能够有骄傲的资本，因为任何一门学问都是无穷无尽的海洋，谁也不能够认为自己已经达到了最高境界而停步不前而趾高气扬。如果是那样的话，则必将很快被同行赶上、很快被后人超过。

人生好比一场旅行，有宽敞的大路，也会遇到道路狭窄的地方，每当这个时候，最好谦逊一些，停下来，让别人先行一步，不争不抢，那么，一生就会少很多没必要的争执。谦逊是一种智慧，谦逊的人平易近人，不摆架子，有理不在声高，愈是不争强好胜的人，愈是可以成大事。

谦逊的人懂得心平气和，因为，仰起头走路的人一定注意不到脚下已经踩伤了很多花草。谦逊的人不骄傲自满。古代学者庄子说过：“吾生也有涯，而知也无涯。”明确地指出了学无止境的道理。

著名学者笛卡尔曾经感叹：“愈学习，愈发现自己的不足。”的确，人的一生要学习的东西实在太多了，只有通过学习，不断扩大知识领域，扩充知识面，储蓄更多的信息，才能真正领悟到“知也无涯”的深刻含义。然而，如果你不够谦逊，就必然会妄自尊大，从而阻碍前进的步伐。做到谦逊成熟，不断进取，成功便不招自来。

## 故事穿越

眼看1943年马上就要过去了，罗斯福必须做出一个重大的决定。

在这一年12月的一天，罗斯福单刀直入地问马歇尔：“乔治，你愿意指挥‘霸王行动’还是愿意继续担任陆军参谋长？我将完全尊重你本人的意见。”

马歇尔说：“总统先生，其实，这个问题应该由您来作出决定，不管您任命我担任什么职务，我都会服从的。”

罗斯福说：“我仔细考虑了这个问题，决定让你继续担任陆军参谋长，由艾森豪威尔指挥‘霸王行动’。”

马歇尔毫无怨言地接受了总统的决定。

这个决定一经宣布，陆军部长史汀生惊呆了，因为，只有他知道做了一辈子参谋军官的马歇尔内心深处的愿望，那就是指挥盟国远征军。并且，如果马歇尔只需要稍稍向总统暗示一下，总统就会满足他的愿望。然而为了国家利益，马歇尔表现得十分谦逊，即使他知道自己的愿望与能力，但仍旧愿意服从总统的指挥。这也就是后世人一提起马歇尔，都表示他是“大成者”的原因。

## 故事微语

伟大的人往往谦逊，他们作风朴实，深入实际，能够站在客观的角度上体恤民众究竟在想什么，到底需要什么。就像马歇尔一样。他们由此深受人们的尊重和爱戴。

实际上，很少有人一辈子永远甘于贫贱。大凡一个人技不如人或财力不如人的人，心里必然涌动着一股劲。那么，倘若你可以谦逊地对待这样的人，他的这股劲就有可能变成你的助力；反之，他们若是获得轻视，这股劲就有很可能变成怨气，甚至是一种能够伤害到你的武器。

所以说，低调的人总是那么的言语谦逊，平易近人。这样的人才不会给他人造成任何压力，不会给他人带来伤害。也正是这样的人，才值得拥有他人的拥护和爱戴。

生活中也是如此，你越是推崇自己，别人反而越是厌弃你；你越是保持低调，别人越是抬举你。所以，明智的人总是尽量在人面前保持低调的姿态。

## 心灵箴言

谦逊是最高的克己功夫。

——[英] 莎士比亚

谦逊可以使一个战士更美丽。

——[苏联] 奥斯特洛夫斯基

谦逊是藏于土中甜美的根，所有崇高的美德由此发芽滋长。苏格拉底以谦接物者强，以善自卫者良。

——林逋

第二篇

# 掩饰锋芒:做一个能安静积蓄能量的人

一个有才华的人，若总是棱角分明，便就无法深入群众，变成孤傲的人，这样，就无法融入圈子里。大智者不急于显露才华，虽然表现上看似不强大，却往往能够促成事物的成功或发展，这是因为他们懂得在柔性中潜藏着足够的变通东西。

# 心灵恬淡的人顺境不骄

## 故事话题

从莫斯科到雅斯纳亚·波良纳庄园大约有200公里的路程，有一个喜欢徒步的旅行者，想要走过这段长长的路程。在行走时，他经常是背着一个大背包，然后与沿途所遇到的一些流浪的人结伴而行。

因为这段路程他已经走过多次，所以大家对他都很熟悉了，只是，没有一个人知道他的姓名与来历，只是单纯的知道他是个非常喜欢步行的人。

要走完这段路程需要用5天时间，旅行者的食宿都需要在路上解决，他或许会向沿途的农家借宿，或是走进火车站，置身于三等车厢的候车室内休息。

有一次，他照例准备进入一个候车室里休息一下，但看到候车室里已经挤满了人，于是，他转身便到月台上，想等一会，待人少后再进去休息。

就在这个时候，旅行者听有人好像是在喊他。没错，是车上的一位夫人在叫他："老头儿！老头儿！"

旅行者不知道发生了什么，就赶忙上前去询问："夫人，请问有什么事吗？"

这时，叫他的这位太太着急地说："麻烦您，赶快到洗手间一趟，因为我把手提包遗落在那里了！"

旅者一听，连忙点了下头，然后跑到洗手间帮忙寻找，还好，手提包还在，于是他把它拿了出来。那位太太一见手提包没有丢，非常高兴地说："真是谢谢您了！这是给您的赏钱。"说着，太太递给了旅行者一枚5戈比的铜钱，旅者欣然接受。

当这个旅行者准备离去时，这位太太身边同行的旅伴问道："你知道你把钱给了谁吗？"

这位太太感到很不解，她认为不就是个普通的老头吗？太太此时好奇地看着她的伙伴，而她的伙伴带着惊喜的口吻说："他是《战争与和平》的作者列夫·托尔斯泰啊！"

这位太太一听，立刻表现出吃惊的表情，然后说："是吗？真的吗？

天哪，我在做什么呢？托尔斯泰啊！看在上帝的份儿上，请原谅我的无知，请把那枚铜钱还给我吧！唉，我把它给了您，真是不好意思，哎呀，我的天，我是在做什么呢？”

托尔斯泰听见太太的呼喊声后，笑着对这位太太说：“你不要为此感到不安，您没有做错任何事，并且，这5戈比的铜钱是我自己赚来的，我是要收下的！”

这时，火车鸣笛了，开始缓缓启动，那位太太很不安，还在请求归还，然而，托尔斯泰却一直面带微笑，目送着火车远去。

## 故事解析

列夫·托尔斯泰说：“大多数人都想改变这个世界，却极少有人想改造自己。”没错，故事中的托尔斯泰当时已经取得了很大的成就，但是，他并没有因此感到骄傲，他认为：一个有才华的人若总是棱角分明就无法深入普通人中间，就无法了解普通人的心声。

托尔斯泰走入人群，他将名望、身份放在身后，可见他的内心是多么的淡然恬静。

我们总是想当然地按照自己的愿望去做事，希望过这样的生活，棱角十分分明，并自以为如此就能光芒四射。实际上，在我们刻意显示出才华的时候，已经让才华减少大半了，因为我们的显示，甚至是炫耀，导致才华已经没有了它原来的光芒。

现实生活中，总有一些人喜欢显摆，在取得一点小成果后就希望人人都知道，但是，他们一旦和人竞争起来，却往往处于劣势。因为，别人早已经知道了他们的底细，从而做好准备。当他人在养精蓄锐、锋芒不露时，你却大摇大摆，张扬过势，这是非常不利的。

## 故事穿越

小王是某大学的高材生，在毕业后通过努力争取被分到一家研究所工作，从事标准化文献的分类编目工作。

小王在进入这个单位后，因为一直都是惯有“高材生”的头衔，所以总是一副天之骄子的模样，他还自认为自己专业出身，干这个很在行，必然会比身边的这些同事厉害得多。而且，就连领导都总是摆出一副“请提意见”的虚心姿态，更让他感到飘飘然了。

小王的优越感越来越强，俨然是单位顶梁柱的派头了，刚工作没有几天，他就给公司提了不少的意见。领导听了后都点头称是，群众也不反驳。

可是，慢慢地，小王逐渐就感觉到不对劲了，因为，单位状况不但没有一点儿改变，自己也越来越不招人喜欢和爱戴了。在一年中，领导甚至都没给他安排什么具体工作。小王很是不解。直到后来，一位非常同情他的“阿姨”私下跟他说：“我当初也同你一样，你还是换个单位吧，在这儿你很难翻身了，因为你把所有的人都得罪了。”

于是，又一段时间后，小王果然被调走了。在临走时，领导拍着他的肩头，说：“太可惜了！我真不想让你走，我还准备培养你当我的接班人哪！”后来，小王经过几年历练思想成熟了很多，再想起当初的事情，终于明白当年自己的错误所在——太骄傲了，而且不该锋芒毕露、乱提意见。

## 故事微语

不管是在职场之上还是在日常生活中，你可以不聪明，但一定不能不小心。工作和生活中都有一些潜规则存在。在暗地里，大家都会彼此关注，但是在表面上却都会收敛起锋芒，言谈举止很是低调。因为，锋芒毕露结果不一定好。

当领头人看起来确实很风光，但着实不容易，要想维持“老大”的地位，需要花很多力气。如果你没有这个实力，还是踏实做好自己。

低调的人，即使明明知道他人不如自己，也不会表露出来，如遇到些许不懂的东西，还会去向那个人请教。就算自己懂得很多，也会将它他们埋藏在心底，表面上做出一副不是特别懂的样子。如果能做到这样，再加上别人冒犯了自己也不针锋相对地去计较，就不会对他人构成威慑了，反过来，自己也就可以减少一些他人的攻击和中伤。

## 心灵箴言

自信与骄傲有异；自信者常沉着，而骄傲者常浮扬。

——梁启超

骄傲的人必然嫉妒，他对于那最以德性受人称赞的人便怀记恨。

——[荷兰] 斯宾诺莎

决不要骄傲。因为一骄傲，你就会在应该同意的场合固执起来，因为一骄傲，你就会拒绝别人的忠告和友谊的帮助。

——[俄] 巴甫洛夫

# 不必急于显露自己的才华

## 故事话题

《三国演义》这部著作中，有一段“曹操煮酒论英雄”的故事。

当时，刘备落难，他想要投靠曹操，曹操知道消息后真诚地接待了刘备。刘备被安排住在许都。刘备害怕曹操谋害他，就低调行事，在后园种菜，不问世事，以此迷惑曹操，放松对自己的注视。

有一天，曹操约刘备进他府中饮酒，在酒桌上谈论起谁为当世英雄的事情。刘备点了很多人，如袁术、袁绍、刘表、孙策、刘璋、张乡、韩遂、张鲁，但这些人均被曹操所贬低。曹操表示：“英雄的标准是‘胸怀大志、腹有良谋，有包藏宇宙之机，吞吐天地之志。’”

刘备就问道：“那谁符合呢？”

曹操说：“只有我们两人才是。”

刘备本以韬晦之计栖身许都，但是早已经被曹操看破，曹操的话竟吓得刘备把匙箸丢落在地上。当时恰好大雨将到，突然雷声大作。刘备短时间内定了定神，从容俯地拾匙箸，并说：“一震之威，乃至于此。”巧妙地将自己的慌乱掩饰过去。

## 故事解析

刘备一直以来都藏而不露，在人前从不显示自己，还在曹操煮酒论英雄时装聋作哑，不把自己算进“英雄”之列。他的种菜、数英雄在表面上收敛了自己的行为，却把自己的英雄气概深深隐藏在了心中。

实际上，我们确实非常不容易看到一个很有智慧的人表现出来的锐利之处，因为，真正有智慧的人从来不以大刀阔斧慷慨激昂表现自己，更不会告诉别人自己到底有多强大的力量。所以，这样的人不可能轻易被打倒。

大智者不急于显露才华，虽然表面上看似不强大，却往往能够促成事物的成功或发展，这是因为他们懂得在柔性中潜藏着足够的变通东西。

在竞争的社会中，想要平静度日，就需要削平棱角、隐藏锋芒，甚至可以说这也是决定成败的关键。巧妙削平棱角是一种聪明的体现，能够给各种繁杂的事情涂上润滑油，使其顺利运转。

孔子曰：“人不知而不愠，不亦君子乎！”特别是年轻人，年轻气盛，总是希望在最短的时间向他人证明自己是多么不平凡，多么有能力……这样是不利于发展的。

## 故事穿越

唐太宗李世民在位时重用魏徵，以人为镜，由此开创了贞观年间的太平盛世，被称为“善于纳谏”的典范皇帝。但是，大臣魏徵虽然敢于直谏，但有时候说出的话也十分让李世民感到难堪。

有一次，李世民要去郊外狩猎，魏徵则站出来进言，说：“眼下时值仲春，万物萌生，禽兽哺幼，不宜狩猎，还请陛下返宫。”

当时李世民兴趣正在极高的时候，所以他坚持出游。魏徵见他不听，就站在路中央，态度坚决，一定要拦住去路。魏徵挡出了李世民的出行之路，导致李世民怒气冲冲地返回宫中。在宫中，李世民见到皇后长孙氏，便十分气愤地说：“一定要杀掉魏徵这个老顽固，才能一泄我心头之恨！”

皇后听后没有做出什么论断，只是柔声问清楚缘由，然后悄悄地回到内室穿戴上礼服，十分庄重地来走到唐太宗面前，叩首即拜，口中直称：“恭祝陛下！”

李世民惊奇地问：“什么事情让你这般庄重？”

皇后回答：“妾闻主明才有臣直，今魏徵言直，由此可见陛下之明，妾故恭祝陛下。”

唐太宗继而转怒为喜，打消了给魏徵治罪的念头。

## 故事微语

魏徵是中国历史上赫赫有名的谏臣，他忠心耿耿，这是无可非议的事情，但是，他进言所用的方法确实不够委婉。相比之下，皇后长孙氏的劝谏方法则高明得多。她并没有直接帮魏徵求情，而是选择巧避锋芒，换一个角度来看问题，换一个种方式进行表述，从臣子的刚直与君主的开明之间的密切关系，来说明正直敢言的忠臣的重要性，而且由于是在恭维皇帝，自然令皇帝龙颜大悦。

可见，都属于忠言，但是不可否认，顺耳的话比逆耳的话更能让人接受。

所以，做人应尽量避免锋芒毕露，而是应该尽可能地委婉一些，因为这样往往可以获得更好的效果。就好比在谈判中，让若发生意见分歧，最好不要直接争论，巧避锋芒也是一种解决问题的好方法。

人都有不甘示弱的精神，但要看具体的情况，需要强势的时候可以不甘示弱，不能针锋相对的时候就要巧避锋芒。

在这个大千世界里，每个人的生活都不像想象中的那般完美，冲突和矛盾避免不了。一般的人会在冲突面前暴躁，有的甚至失去理智。但是，如果你能够低调一些，就会很好地保持头脑清醒和心平气和，问题也要好解决一些。

## 心灵箴言

真正有学识、有涵养的人，是不会刻意炫耀自己的。

——[美] 大卫·汉生

泄露机密的重要动机之一，就是炫耀自己受人信赖。

——[英] 塞·约翰逊

炫耀广博见识或渊博学问的人，是既没有见识也没有学问的人。

——[美] 海明威

# 静下心来韬光养晦

## 故事话题

据《史记·留侯世家》记载，在秦朝末年，张良在博浪沙谋杀秦始皇，但是没有取得成功，于是逃到下邳隐居。

有一天，张良在镇东石桥上遇到一位手持拐杖、胡须长长、白发苍苍、身穿灰褐色衣服的老人。老人的鞋子不知道什么原因掉到了桥下，就叫张良去帮他捡起来。张良当时还觉得挺奇怪的，心想：为什么要让我帮你捡鞋子？但是，他见老人年老体衰的，而自己却年轻力壮，便压住怒气，乖乖地到桥下帮来人捡回了鞋子。

谁知，这位老人拿到鞋子后不仅没有道谢，反而大大咧咧地伸出脚来说："替我把鞋穿上！"

张良不耐烦了，心底实在愤怒，心想：嘿，这糟老头子，我好心帮你把鞋捡回来了，你居然还得寸进尺，要让我帮你把鞋穿上，真是过分！

于是，张良想要转身离去，但又转念一想，鞋子都捡起来了，要不然好人做到底，帮他穿上吧！于是，又默不作声地替老人穿上了鞋。

张良没想到，其实，这并不是一位普通的老人，最后，老人把自己用毕生心血注释而成的《太公兵法》送给了张良。

张良在这次奇遇中得到了这本奇书，日夜诵读研究，最终，成为了一位满腹韬略、智谋超群的汉代开国名臣。

## 故事解析

张良克制自己的情绪，静下心来，甘于为老人拾鞋、穿鞋，看上去好像很窝囊，一般人在面对老人这种态度时，估计不会帮他了。但张良却表现出了对老人的尊重，也表现为对自身品格的完善。

张良正是在这种礼让的过程中，磨砺了意志，削平了自己的棱角，也因此增长了智慧，并最终成为了“运筹帷幄之中，决胜千里之外”的军事家、政治家。要知道，生活中的任何一个小动作，都蕴含着无限的意义，是羞辱还是尊重的赏赐，面对这些，不同的人有着不同的感受。

有些话，不可轻与人言，雄辩不绝者银，韬光养晦者金。还有一些事，不要贸然疾行，因为，常立人前遭人妒，木秀于林风必摧。得是一种短暂，失是一种境界。有些平凡，不可丢而弃之，因为淡所以久远，因为静能成永恒。能静下心来，不理会周围动静的人，往往是能够韬光养晦的人，日后必然能够发挥光亮。

## 故事穿越

三国时期，魏国的魏明帝去世，年仅8岁的曹芳继位，由于新皇帝年少，朝政由太尉司马懿和大将军曹爽共同执掌。

曹爽是宗亲贵胄，所以一直以来都飞扬跋扈，为了剥夺司马懿的兵权，他明升暗降，使出了各种手段。司马懿是立过赫赫战功的人，如今却大权旁落，心中自然很不愿意，但是，他知道曹爽现在势力强大，就算斗估计也斗不过，于是，司马懿称病不再上朝。曹爽见司马懿不理朝政了，当然十分高兴。

一次，曹爽派亲信李胜去司马家探听虚实。司马懿是有谋略的人，早已看破曹爽的心思，所以早有准备。李胜被引到司马懿的卧室，只见司马懿头发散乱、满脸病容地躺在床上，由两名侍女服侍。

李胜对司马懿说："好久没来拜望您了，不知您病得这么严重。现在我被命为荆州刺史，特来向您辞行。"

司马懿假装听错了，说道："并州是边境要地，一定要抓好防务。"

李胜忙说："是荆州，不是并州。"

司马懿还是装作听不明白。正在这时，两个侍女给司马懿喂药，但他吞咽艰难，汤水还从口中流出。司马懿装作有气无力地说："我已命在旦夕，我死之后，请你转告大将军，一定要多多照顾我的孩子们。"

李胜回去后如实向曹爽作了汇报，曹爽暗自窃喜。

过了不久，天子曹芳要去济阳墟北扫墓，祭祀祖先。曹爽带着他的三个兄弟和亲信等护驾出行。司马懿获悉后认为时机已到，便马上调集家将，短时间内将过去的老部下召集在一起，迅速占据了曹氏兵营，然后，进宫威逼太后，一个个将曹爽的罪过列出，要求罢黜这个奸贼。太后最后只得同意了司马懿的罢黜意见。

司马懿又派人占据了武库。等到曹爽闻讯回城，大势已去。司马懿以篡逆的罪名，诛杀了曹爽一家，终于独揽大权。

## 故事微语

司马懿无疑是一个老谋深算的人，他精明至极，但是从不外露，在时运不济时，他把自己的精明深藏在内心，表面上看并不精明，甚至有些痴傻，但是，他那是在韬光养晦，等待能够反戈一击的机会。最终，他成功除掉了曹爽，掌握了朝政大权。

在现实生活中，我们总是用“奸商”来称呼一些商人，显然，这是一个满含贬义的词，但是却也说明了商人的精明之处。

做人聪明必然是件好事，但是，如果将聪明尽可能外露，就不是好事了。人如果“太聪明”了，就难免会落得“聪明反被聪明误”的下场。相反，如果能和司马懿一样，学会这种韬晦之计，以退为进、以柔克刚，那么，成功离你就不会遥远。

## 心灵箴言

欲当大事，须是笃实。

——魏裔介

韬光养晦的意思是，积蓄力量，等待时机。

——司马他

一个人假如不脚踏实地地去做，那么所希望的一切就会落空。

——[法] 摩路瓦

# 该“糊涂”的时候不要太清醒

## 故事话题

美国西部的一个城市里发生过一件有趣的事，有两家都是卖廉价商品的商店，其中一家店名叫“美国廉价商店”，另一家为“纽约廉价商店”。这两家比邻而居，店主却是死对头。很长时间以来，他们都一直进行着激烈的竞争。

有一次，纽约廉价商店在橱窗中展出一侧广告：出售亚麻布被单，价格低廉，每床售价 6.5 美元。没过多久，隔壁的美国廉价商店也如法炮制，橱窗赫然出现了这样一则广告：我店的被单与隔壁的相比，犹如罗密欧与朱丽叶的亲密关系一样，请注意价格，每床才 5. 95 美元。

广告一经打出，原本要去纽约廉价商店的人，因为看到了更便宜的，便拥向另一家——美国廉价商店，没多久，被单就被人们抢购一空。

像这样的竞争，多得数不过来，多年来都从未间断过。也正是因此，附近的居民却从中获得了巨大的利益。这两家店除了利用广告相互压价竞争外，还总是站在各自的商店门口，对对方进行指责或对骂，有的时候竟然还会拳脚相加，如果其中一方败下阵来，才能停止这场残酷的“战斗”。

每当决出胜负以后，等待已久的市民们则好比在比赛场上听到起跑令一般拥向胜利一方的商店，然后努力抢购商品。不管买到了什么样的商品，他们都会非常高兴。

就这样，几十年过去了，两家商店的主人逐渐老去。直到有一天，美国廉价商店的老板突然就失踪了，没有音信，店铺也被锁上了。以往那种相互竞争的精彩场面随之消失了，附近的居民们感到很茫然，心里好像缺了点什么。

甚至，他们每天都会盼望有奇迹出现，铺面重新开张，依旧是两家店主人不停争斗……但是，他们没能如愿。又过了一段时间，纽约廉价商店的老板也将自己的商店拍卖了，之后就搬往其他地方度过余生了。

后来的一天，商店的新主人前来清理财产，他发现了一桩令人难以理解的事情：两家商店间有一条秘密通道相连，在楼上还有一道门连接两家老板的卧室。

昔日的“仇敌”，他们的卧室为什么会相通呢？

经过调查，得出了一个让所有人都感到震惊的消息，这两个死敌，其实是一对亲兄弟。他们并不是真的为了自己的利益在战斗，而是为了居民们能买到便宜的东西，而故意“争斗”，因为，不论哪一方胜利了，只不过是由胜利一方把失败一方的货物卖掉。这样就达到了双赢，不管是买的一方还是卖的一方，都得到了好处。

其实，知道这个真实情况的还另有其人，那是他们的一个邻居，他早知道他们是亲兄弟，但是没有张扬出去，他说：“这样没有什么不好，我又有什么必要将真相公诸于世呢？”

## 故事解析

适当的装点傻，有时候也是一种聪明之举。

大智若愚的人，他们一般都会表现出对什么事的态度都是淡淡的，一副与世无争的样子。他们或者采菊东篱下，悠然见南山；或者身居闹市，仍心如止水。看淡世事的他们拿得起，放得下。

所以，即使看清了一些事情，他们也觉得没有必要去识破。

真正聪明的人，不仅不会张扬炫耀自己、抖搂自己的机灵，还会以痴傻掩饰自己的才智，比如故事中的那个知晓真相的人，他虽然知道真相，却一直没有说出来，因为他能够看出这样做对所有人都是益大于弊的，所以他宁可“糊涂”一些，坐看云起。

## 故事穿越

美国第9任总统叫威廉·亨利·哈里森，他出生在一个很小、很普通的镇上。在他小时候，是个非常文静怕羞的孩子，甚至很少抬头看人。所以，人们都以为他是一个傻瓜，特别喜欢捉弄他。

又一次，一些捉弄他的人把一枚5分硬币和一枚1角的硬币放在他的面前，让他任意选择一个，不管让他选择几次，威廉都是去拿那个5分的，于是大家都嘲笑他。

有一天，一位好心人看不过去了，就问他：“难道你不知道1角比5分值钱吗？”

威廉说：“我当然知道了，不过，如果我捡了那个1角的，恐怕他们就再也没有兴趣拿钱给我了。”

## 故事微语

威廉是个拥有大智慧的人，他一直把聪明藏在心中，即使面对别人讥笑，他也能忍住不显示出来。

一般的人，总是会想方设法去表现聪明，对他们来说，“装糊涂”似乎是件很难的事，因为，他们太在意别人怎么看待他了。《菜根谭》说：“鹰立如睡，虎行似病。”意思是，老鹰站在那里像睡着了，老虎走路时像有病的模样，而一个真正具有才德的人反而不炫耀，不显示才华。

本来有大勇，却装出怯懦的样子，本来很聪明，硬装作很愚拙的样子，这样做也是一种很好地保全自己的方式，同时也可以做到不随波逐流。

真正的大智大勇的人不会大肆张扬，他们更希望自己是个普普通通的人，以此来掩盖光芒，以便于更进一步完善自己。英国政治家查士斐尔爵士就曾这样对自己的儿子说：“要比别人聪明，但不要告诉人家你比他更聪明。”

低调做人是一种道德选择，这代表着你的清醒。

要衡量一个人有多么成功，要注意看的是他脚踏实地的能量。刻意表现自己，那是闲人的专利，因为他们内心空虚，所以总想表露自我，让自己看起来是丰富的。而有真正智勇的人却会沉浸于所思考的问题，他们考虑的是如何更上一层楼，而不是如何炫耀自己，所以，他们也一直受到别人的尊重。

## 心灵箴言

大巧若拙。

——老子

大勇若怯，大智若愚。

——苏轼

聪明睿智，守之以愚；功被天下，守之以让；勇力振世，守之以怯；富有四海，守之以谦；此所谓损之又损之道也。

——王肃

# 表现个性时要懂得张弛有度

## 故事话题

北宋时期，在江西金溪县有个小孩，叫方仲永，他家祖祖辈辈都是农民，家境贫苦。方仲永的父母没有钱供他上学，所以，方仲永在5岁时，还没有见过什么是笔墨纸砚。

父亲也想让他学习认字，就从近旁的邻居家借来书，让他自学。方仲永是个非常聪明的孩子，没用多久，他就能读懂书本了，后来还能写出四句诗来。内容是孝养父母，团结同族。父亲见孩子这么用功，十分高兴，就将孩子的作品拿给村中的老秀才看，老秀才看后，连连称好，说这小子了不得。

很快，这些诗就在本乡的秀才中流传开来，秀才们看到后纷纷表示惊讶，他们很难相信是出自一个通过自学而成的小孩子之手。

之后，便有很多读书人都找到方仲永出题考他，但是，方仲永根本不怕考，只要有人给他出题，让他作诗，他都能很快就做出来，并且做出来的诗道理通顺，文采斐然。就这样，一传十、十传百，方仲永不但在乡里出了名，就是在整个县里也轰动了，临近各县也纷纷传说金溪出了个“神童”。

方仲永一被人熟知，县里的人渐渐把方仲永父子当作宾客接待，甚至，还有很多有名望的学者和绅士纷纷邀请方仲永到他们家里去做客。有些人为了打赏方仲永，还拿着余钱和礼物给他，让他写诗作文，然后悬挂在自己客厅显眼的地方。

后来，方仲永的父亲知道了这是有利可图的，十分高兴，于是，每天都带着儿子四处向别人求讨财物，从而轻视了让儿子继续学习。方仲永年纪还小，不知道什么是好什么是坏，自然抵挡不住外面的诱惑，玩得不亦乐乎。长时间没有学习，学问没有长进，他的天才也渐渐泯灭，后来和普通人没有什么区别了。

## 故事解析

太过张扬，让这个文学界的童星早早地陨落了，其实是件很令人可惜的事情。当初，若是方仲永的父亲能够低调一些，不以小小的成就炫耀，而是选择谢绝一些虚名、赚取小利的邀请，方仲永就能潜下心来，苦心学习，这样，就很有可能会成为青史留名的大诗人，而不是短短的“昙花一现”。

一次的成功其实代表不了什么，丝毫不足以将它作为炫耀的资本。在成功面前，要做到张弛有度，保持低调，否则很有可能被他人利用，从而断送了自己的成功前程。

对于年轻人来说，张扬的个性一个是因为年轻气盛，其次就是富有表现欲，是一种希望别人崇拜自己的行为。但是，这些都不如安稳来的重要。

张扬个性肯定要比压抑个性舒服。但是如果张扬个性仅仅是一种任性，一种意气用事，甚至是对自己的缺陷和陋习的一种放纵的话，那么，这样的张扬个性对你的前途肯定是没有好处的。

## 故事穿越

库兹金娜是一个演员，在演出结束后，观众们为她集体起立，掌声不断时，很多崇拜者们都把鲜花朝台上扔去，然后喊叫着：“库兹金娜！库兹金娜！”

这时候，一个机灵的崇拜者试图穿过乐队挤上台去，却让观众给拦住了。于是，他向门上写着“闲人莫入”的房间冲了进去。

此时，库兹金娜正坐在演员化妆室里，她很激动，心想：“啊！我终于成功了！”

这时，有人敲门。

是那位机灵的崇拜者。他的动作是如此麻利，库兹金娜都没有看清他的长相，就见他“扑通”一声跪在她面前，嘟哝着说：“我太崇拜你了！”然后，他拣起扔在地上的一只皮靴就一个劲儿地吻起来。

库兹金娜说：“对不起，那不是我的皮靴，那是滑稽老太婆……这才是我的。”

崇拜者看了看，又疯狂地抓起库兹金娜的皮靴。

库兹金娜暗自想：“他是多么喜欢我啊！”于是，她把另一只皮靴也递给他，继而又怯生生地对崇拜者说：“在这儿……那儿是我的束腰带……”

这时，崇拜者抓起皮靴和束腰带，非常庄重地把它们贴在自己的胸前。

库兹金娜高傲地坐在扶手椅上，她心想：“天哪！我这般天才的力量是原来这样惊人呀！它使人抑制不住自己的感情……看来，我终于成功了！并且是这样的成功！崇拜者们闯到后台来，吻我的靴子……我是多么的幸福和光荣啊！”

突然，导演喊：“库兹金娜！上场！”

库兹金娜这才猛地醒了过来，但此时，那个崇拜者和皮靴都不翼而飞了。后来才查清楚：除了皮靴和束腰带以外，化妆室还丢失了一盒化妆品、假发，连滑稽老太婆的一只皮靴也不见了。库兹金娜懊悔不已。

## 故事微语

成功确实需要掌声和鲜花来证明，但是，更需要有正确的心态和对自己冷静客观的认识，只有这样，你的成功才可以经受住岁月的打磨。库兹金娜被那短暂的成功冲昏了头脑，结果也让自己的演艺事业画上了句号。

牛顿说过："如果说我比别人看得更远一点，那是因为我站在了巨人肩上的缘故。"其他名人的心态又何尝不是如此呢？正是他们的成就和才华，使他们的特殊个性得到了社会的肯定。如果换了一个没有多少本领的常人，他们的那些特殊行为可能只会得到别人的嘲笑。

## 心灵箴言

是进亦忧，退亦忧。

——范仲淹

进不失廉，退不失利。

——晏子

知进退存亡不失其正者，其惟圣人乎。

——《易经》

第三篇

# 学会让步：放下执念，你会拥有更多

退让是减少争执的最有效，也是最直接的方法。如果为一些鸡毛蒜皮的事情就争执不下，实在没有必要。不如主动退一步，多一事不如少一事。大度一些，宽以待人，以团结为重，就可以云淡风轻，心平气和。多一份退让，生活就会多一些明媚。

# 很多东西都不是“争”来的

## 故事话题

村里有一户姓王的人家，家里男主人老王已年过半百。老王在村里的人缘很好，街坊四邻都很喜欢他，因为他在家里排行老二，所以有一帮年轻人都叫他二叔或是二大爷，没有不喜欢跟他说话闹着玩的。

老王从小就在这个村里长大，在他年轻的时候，是村里有名的孝子，对父母可谓是百依百顺。他在村里生活了这么多年，因为脾气特别好，从没和任何人红过脸抬过扛。说起话来还非常风趣幽默。村里的老少爷们儿们经常说：“如果人人都像他那样活一辈子，能省多少是是非非啊。”

一天，村里有几个年轻人在一起玩耍，突然想起了老王，其中一个说：“二大爷从不爱和别人抬杠，但是要我说，那肯定是没遇到能抬杠的事！不如这样，咱们编几个离谱的故事讲给他听，他不认同的话就一定会和咱们抬杠。或者，只要他能说咱们‘胡说八道’，那就是和咱们抬杠了！咱们就赢了！”

于是，几个年轻人每人编了一个不特别靠谱的故事，之后去找老王。

那天晚上吃完晚饭，几个年轻人相约来到老王家。他们在大门口就喊上了：“二大爷，你在不在家啊？”

老王一听是村里的几个小伙子，便说道：“你们是想二大爷了吗？怎么来我家找我了？”

一个年轻人说：“二大爷啊！那天我真是见了一个新鲜事。”

老王说：“怎么新鲜？”

年轻人说：“那天我帮人家去耕地，足足干了一整天，中午也没喂牛，干到下午可把牛饿坏了。在地头休息的时候，那牛趁人不注意，倒回头咔嚓一口把犁地的铲头咬下一块来，嚼吧嚼吧就吃了。你说新鲜不新鲜？”

老王一听，呵呵笑了起来，然后说："嗯！是很新鲜！你想啊，那牛饿急了什么它不吃啊？是不是？"

讲故事的年轻人听了老王这话，一时间不知道怎么应对了。

这时，另一个接着讲了一个离奇的故事，老王还是没提出异议。这时候，几个年轻人相视看了几眼，知道老王真不是好争的人，便悻悻地离开了。

## 故事解析

汽车大王福特说过这样一句话：“假如有什么成功秘密的话，就是设身处地为别人着想，了解别人的态度和观点。因为这样不仅能够与对方沟通和相互理解，而且可以更清楚地了解对方的思维轨迹，避免没有意义的争议。”

不管是在名利面前，还是在捍卫阻延这方面，很多人都很难把持自己，总是想尽一切办法占到上风，但是，争来争去，最后的胜利者却往往是那些不争的人。这也就应了老子的那句话：“夫唯不争，故天下莫能与之争。”老子的这句话的意思是，正因为不与人相争，所以遍天下没人能与他相争。

在名利权位面前，人们常常忘乎所以，但是，就算是争得头破血流、你死我活，也不过是落得个遍体鳞伤、两手空空，严重的还有身败名裂以及命赴黄泉……相反，那些深谙不争之术的人往往更容易获得成功。

## 故事穿越

清代李汝珍写过一篇小说，叫《镜花缘》，里面描绘了一个“君子国”。

在这个国度里生活的人，他们谦让成风，购买东西的顾客会嫌货优价低，而卖主会强调自己的定价已经过高了，进一步要求顾客就低还价。顾客愿意出高价买次货，卖主宁肯把好货用低价出售。

这时候，旁边观看的人会表示：顾客是“出大价而买丑货”，对待卖家不公平。在顾客付款时，顾客想要给头等的银子，但是卖主只收次等的银子……

这里的士庶人等，无论富贵贫贱，举止言谈，莫不恭而有礼，真正达到了“耕者让畔，行者让路”，“好让不争”的境界。

## 故事微语

这种“君子国”，的确是理想中的“乌托邦”，但是，人们能够从这部作品中看出：古人真的很渴望把诚实、谦礼的美德发扬光大，推而广之，让后世人也跟着做到“不争”。

净化社会中人际关系，是所有人共同的美好心愿。

在我们这个物质还不太丰富的社会里，争名夺利的事情每天都在发生，有人为的圈套，也有自然的陷阱，它们如同一个巨大的旋涡，把无数人都卷了进去。对此，最聪明的做法是，低调一些，迅速远离它！因为在横渡江河时，只有远离旋涡的人，才会首先登上成功的彼岸。

## 心灵箴言

少欲则心静，心静则事简。

——薛宣

放得功名富贵之心下，便可脱凡。

——洪自诚

不好名者，斯不好利；好名者，好利之尤者也。

——钱琦

# 懂得退让，成全他人也方便自己

## 故事话题

有一位先生去岳父家吃饭，在进餐时，岳父跟他聊起了一个关于一条高速公路的修建问题。那位先生表示：这条公路的开工时间总是推迟，绝对是有关方面的严重过失。但是岳父却不这么想，他不同意女婿的想法，而是，他觉得公路本来就不该兴建。

就这样，两人你一言我一语，争论得越来越激烈。

后来，这位岳父大人在一气之下，把问题扯到“年轻人自私心重，没有环保意识”上面，用另一种方式来批评那位先生。而那位先生则突然意识到形势不好，本不该争论到这个地步的。于是，先生怕伤了和气，就逐渐开始缓和下来，并婉转地和岳父说：“可能我们的看法永远也不会合辙，可是，那没有什么，也许我们都是对的，也许我们都是错的，这也是未可知的事。”

先生说了这样一席话，不但给自己搭了个台阶下，也给岳父打了个圆场。以此来避免争论不休，因为，若真的为了这件小事而扩大矛盾、影响感情，是不值得的。

## 故事解析

试想，如果那位先生意气用事地与岳父争论下去，结果会如何呢？很可能惹火老岳父，从而产生一家人不应该有的隔阂。

针对蛮横无理的人，得理者不应该采取以恶制恶的方式来进行回击，因为这样做也会显得蛮横无理了。实际上，这时候平息风波才是最好的方式。这莫过于得理者勇敢地站出来，主动承担责任，以自责的方式对抗恶人的恶语，以柔克刚。

人和人之间的相互争吵，不管是谁都一定不想自己吃亏，即使不占理，也不愿说低头话，觉得那样会令自己很没有面子。但是，对于一些生活上的琐事，其实根本没有必要争出个对错输赢。与其这样，不如自觉一些，退让一步，息事宁人，这样的人生才轻松。

## 故事穿越

明代才子冯梦龙在《广笑府》“尚气篇”中记载了这样一则故事：

从前，有一对父子，他们的性格都特别刚直，在生活中，谁都不愿意对人低头，说话做事都不会后退半步。

一天，他家来了客人，父亲就让儿子去集贸市场买肉。儿子拿着钱在肉铺买了几斤肉，然后用绳子串着往家的方向走，来到城门时，迎面碰上一个人，双方都寸步不让，坚决不避开，于是，面对面地站在那儿，就这样站了很久很久。

一直站到中午，家里人还等着他买的肉做饭呢，所以孩子的父亲焦急起来，最后，实在等不及了，就出门去寻找买肉的儿子。

刚到城门外，就看见儿子僵立地站在那儿，根本没有一点要让步的意思，父亲心中想：这真是我的好儿子，跟我一样，性格这般刚直。然后走上前去，对另一个人发怒，道：“你算老几，竟敢在我父子面前如此放肆？”继而又向儿子说道：“好儿子，你先将肉送回去，陪客人吃饭，让我站在这儿与他比一比，看谁撑得过谁？”

于是，父子俩交换了一个位置，儿子拿着肉回家去烹肉煮酒待客，而这位父亲代替了儿子，继续与那个人对面而立。这个行为惹得周围经过的人大笑不止。

## 故事微语

通常情况下，性格刚直的人大多受人钦佩，但是，如果太过刚直，变成了刚硬，就会走向反面，这样的人容易固执己见，极为严守较为自我的做人准则，决不做出一点让步，换句话说，也不懂得变通。

这样的人在遇到什么事的时候，不懂得低头，更不懂得以退为进，那么，损失就会更大。

退让是减少争执的最有效，也是最直接的方法。试想一下，如果为一些鸡毛蒜皮的事情就争执不下，实在没有必要。还不如主动退一步，多一事不如少一事，这样还能保留与人之间的情谊。

处事难，处人更难。人与人之间难免会遇到摩擦，如果你都去争个高下，不懂退让，那么，相处就变得困难起来。与其这样，不如退让，减少无谓的摩擦。有了这种心态，才能使自己在身陷逆境时泰然处之，做到毁誉无碍，淡定从容。

大度一些，宽以待人，以团结为重，就可以云淡风轻，心平气和。多一份退让，生活就会多一些明媚。

## 心灵箴言

自出洞来无敌手，得饶人处且饶人。

——善棋道人

紫罗兰把它的香气留在那踩扁了它的脚踝上。这就是宽容。

——[美] 马克·吐温

人之谤我也，与其能辩，不如能容。人之侮我也，与其能防，不如能化。

——弘一大师

# 能屈能伸是成功者的基本素质

## 故事话题

有位老先生，在定居美国洛杉矶之前，曾经是中国内地某市的副市长。在国内工作了几十年之后，他十分担心自己如果一辈子都在机关里待下去，可能要离自己的梦想越来越远了，导致最终自己的很多梦想都没法实现，所以，他一直希望能早点尝试新生活。

最终，他趁着年龄还不算太大，果断辞职来到了美国，准备开辟一片属于自己的新天地。

他英文不怎么好，来到美国之后，一直都没有找到合适的工作。即使这样，他并没有气馁，而是全身心投入到英语的学习中去。

在学习英语的这段期间，他还尝试着找工作，他的目标是，这份工作不一定能赚多少钱，但要对他的英文水平有提高作用。没过多久，他就被一家韩国人开的公司聘用了，工资很低，一天只有 20 美元，主要工作是打扫卫生。工作量也不小。甚是辛苦。

朋友都劝他另找工作，但钱永波不答应，欣然接受了这份工作。因为，在老先生眼里，虽然工作很辛苦，每天还要走 10 公里左右的路程，但却可以学习英语。人家雇主不但没找他要学费，每天还给 20 美元的生活费，去哪里找这样的好事呢？

就这样，他在那家公司工作了两个月，在工作中，他还摸清了想知道的一些有利于自己做事业的情况后便离开了那里，之后立即找到了一份满意的工作，开始为开拓自己的事业而积极乐观地努力着。

## 故事解析

中国有句古语："好汉不提当年勇"。是的，如果一个人总留恋当年很优秀的自己，即使真的很"好汉"但不能代表现在。换句话说："一个总是留恋曾经的辉煌的人，在面对困难的时候只会越来越悲观，还会越来越怨天尤人。"

一些人想要飞黄腾达，也许他们根基很深，也许他们只是心气很高，但不管怎么说，能在未来取得成果还是最基本的。不要因为自己原本身份很不一般，所以不肯底下倔强自大的头，这对日后的发展没有益处。

故事中的老先生，曾经也是飞黄腾达很多年的人，但是，他为了梦想，能屈能伸，在来到美国之后，积极面对生活中的不如意，最终实现了自己的目标。

当我们面对逆境时，如果我们能做到能屈能伸，就能顺利地通过困境之门，原本如同大山一般的困难也会变得一马平川。所以要想让你的人生道路顺畅通达，要证明你是一块赤金，那你就要积极适应环境，不怕那些不如意，做个能屈能伸的人，坦然接受现实，而不是悲观地抱怨。

## 故事穿越

吴王阖闾死后，儿子夫差即位。阖闾临死时对夫差说："不要忘记报越国的仇。"夫差为了报父仇，叫伍子胥和另一个大臣伯嚭操练兵马，准备攻打越国。结果越国战败，越王勾践被抓到吴国。

吴王为了羞辱越王，派他看墓与喂马，越王虽然不甘心，但装出忠心顺从的样子。吴王出门时，他走在前面牵着马；吴王生病时，他在床前尽力照顾，吴王看他这样尽心伺候自己，觉得他对自己非常忠心，最后允许他返回越国。

勾践立志报仇雪耻，他回到越国后，因为害怕贪图眼前的安逸而消磨了志气，所以在吃饭的地方挂上一个苦胆，每次吃饭，他都会就先尝一尝苦味，还问自己："你忘了会稽的耻辱吗？"他还把席子撤去，用柴草当作褥子。这就是后来人传诵的"卧薪尝胆"。

越国因为之前的战争遭到很大灾难，人口大大减少，越王勾践决定要使越国富强起来，他亲自参加耕种，叫他的夫人自己织布，来鼓励生产。他还订出奖励生育的制度，想要增加人口。

此外，他自己虚心听从别人的意见，救济贫苦的百姓。全国的老百姓都巴不得多加一把劲，好叫这个受欺压的国家改变成为强国。就这样，他整顿内政，努力生产，国力慢慢强盛起来，等到实力已经足够时，他就和范蠡、文种两个大臣经常商议怎样讨伐吴国的事。

公元前 484 年，吴王夫差要去打齐国。伍子胥好心劝谏吴王，说越国一定会攻打他们国家，但是吴王不听，还怒杀了伍子胥。

公元前 475 年，越王勾践作好了充分准备，大规模地进攻吴国，吴国接连打了败仗。越军把吴都包围了两年，夫差被逼得走投无路，说："我没有脸面见伍子胥了。"说着，就用衣服遮住自己的脸，自杀了。

后来勾践北上中原与诸侯会盟，成为春秋时期最后一个霸主。越王勾践"卧薪尝胆"，终于使自己成就了一番伟业！

## 故事微语

历史上能屈能伸成大事的事例比比皆是。越王勾践卧薪尝胆就是典范，他用亲身经历告诉我们：能屈能伸者才能成就大事业。

还有一个例子，那就是楚霸王项羽。在一次兵败之后，他单骑至乌江，江东父老派船接他，而他则以自己失利，无颜见江东父老为由，刎颈自杀，留下千古遗憾。

项羽的死给我留下了无限的遐想：如果项羽当时不是刎颈自杀，而是再重整旗鼓，与刘邦争议高下的话，到底鹿死谁手，还很难判断……就是因为项羽还没有学会能屈能伸，所以他才会“留下千古遗憾”。

## 心灵箴言

一个羞赧的失败比一个骄傲的成功还要高贵。

——[美] 纪伯伦

忍耐之草是苦的，但最终会结出甘甜而柔软的果实。

——[德] 辛姆洛克

世界上最宽广的是大海，比大海更宽广的是天空，比天空更宽广的是人的胸怀。

——[法] 雨果

# 给别人创造展现光芒的机会

## 故事话题

郭解是西汉的一位侠客，在当时是个很有声望的人。一次，洛阳的某人因与他人结怨而心烦，所以多次央求地方上有名望的人士出来调停，但对方就是不给面子。

后来这个人经人介绍找到郭解，请他来化解这段恩怨。郭解接受了这个请求，亲自上门拜访委托人的对手，做了大量的说服工作，好不容易使这人同意了和解。照常理，郭解此时不负人所托，完成这一化解恩怨的任务，就可以走人了。但是，郭解有高人一着的棋，有更技巧的处理方法。

一切事情处理完毕以后，郭解就说："这个事，我也听说之前当地许多有名望的人也来调解过，但都没有调解成。这次，我的确很幸运，但是，你也很给我面子，我毕竟是个外乡人，占这份功劳恐怕不好。人家会说，本地人出面不能解决的问题，我这个外地人给解决了，一定会让本地那些人感到丢面子。所以，你也帮我一次，就当我没办成，等我明天离开此地，本地几位头面人物还会上门，你把面子给他们，算是他们调解成的，好不好？拜托了！"

## 故事解析

郭解这所以这样低调也是有原因的，因为“强龙不压地头蛇”，如果自己得了名声而让当地的那些人丢了面子，以后的日子肯定好过不了，与其这样，倒不如把这个名声给了他们，让他们表现一次，的确是两全其美的办法。

在日常生活中，我们经常发现这样的人，他虽然思路敏捷，口若悬河，但一说话就让人感到狂妄，因此别人很难接受他的任何观点或建议。这种人喜欢表现自己，总想让别人知道自己很有能力，处处显示自己的优越感。还以为这样能获得他人的敬佩和认可，但结果却往往适得其反。而从不自己夸耀自己，去适当地满足他人虚荣心的人，却能赢得更多的朋友和更多的尊重。

在一个团体里，个人能力太强，会掩盖其他人的光芒，使他们在相比之下黯然失色，于是他们就会怀疑自己的能力，对自己的处境感到不安。

随之而起的便是自卫，表现出来的则是抗拒和攻击；抗拒是抵制你，拒绝和你合作，攻击则是找你的弱点和小辫子，加以渲染、扩大，中伤你、打击你，欲将你除之而后快。由于他们有这种心理，你当然就难以和他们相处了。而且这种状况也会造成上司在领导上的困扰——他要买你的账，又要安抚其他人的不平，多累。因此，虽然你的能力创造了你个人的荣耀，实际上已为你自己埋下了一颗又一颗的定时炸弹。

## 故事穿越

一位管理学院的系领导，他初任系主任的时候，有一位很有才能的同事经常找他茬，出他的洋相，但他没有做什么反抗，而是采取釜底抽薪的办法。

他亲自登门找这位同事交谈，找出自己的弱点和不足，最后说：“我本人不管是在教学上，还是管理上，都缺乏经验，主持系里的工作，是赶鸭子上架，还希望你尽力帮助和支持。”经过这件事情以后，那位教授后来不仅不再为难他，反而成了他的得力助手。

## 故事微语

用高抬别人，贬低自己，故意示弱的方式，收到了将妒火熄灭的效果。不管是谁，也无论你能力有多强、表现欲有多重，也切忌不能忽视他人的存在，掩盖其他人的光芒的做法并不明智。要知道，不给别人的生存造成威胁，同时，给予别人表现的机会，这是十分有必要的。

太阳虽然光芒万丈，但是它却把黑暗留给了群星，让它们也有装扮天空的机会。美事不可一人做尽，好处不可一人占绝。

不要只想着独占风光，那样的话带给自己的也将是灾难。能力强不是罪过，但却常遭到排挤，反而容易不得志，这不能说是别人心胸狭窄，而是人类自卫本能所造成的，因此在一个团体里与人共事，如果你能力很强，那么一定要注意：不要过于表现，要适度的收敛，有时有十分的能力，则只表现八分，好让别人也有表现的机会。

## 心灵箴言

大足以容众，德足以怀远。

——《淮南子》

海纳百川，有容乃大；壁立千仞，无欲则刚。

——林则徐

人的心只有拳头那么大，可是一个好人的心是容得下全世界的。

——[意] 罗大里

# 适度的谦卑取自于豁达的心态

## 故事话题

瑞典前首相帕尔梅是一位十分受人尊敬的领导人。他当时虽为政府首相，但一直住在平民公寓里。

帕尔梅生活十分简朴，平易近人，与平民百姓完全一样。帕尔梅的信条是："我是人民的一员。"除了正式出访或特别重要的国务活动外，帕尔梅去国内外参加会议、访问、视察和私人活动，一向很少带随行人员和保卫人员。

1984 年 3 月，他独自前往维也纳参加奥地利社会党代表大会。当他走入会场的时候，没有左拥右护，所以没有人注意到他，直到他在插有瑞典国旗的座位上坐下来后，人们才发现他。

帕尔梅同他周围的人关系处得都很好。在工作之余，他还经常帮助别人，毫无首相的派头。帕尔梅一家经常到法罗岛去度假，和那里的居民建立了密切的联系，那里的人都将他看作朋友。他常常在闲暇时间独自骑车闲逛、铡草打水、劈柴生火，还经常帮助房东干些杂活，极为谦卑。

帕尔梅喜欢独自微服私访，任何人群中都能看到他的影子。他了解情况，听取意见。他从没有首相的架子，谈吐文雅、态度诚恳，也从不搞前呼后拥的威严场面，这些都使他深得瑞典人民的爱戴。他是人们心目中的偶像。

## 故事解析

社会上绝大多数人都是居于平民阶层的普通人。那些居于高位的人，如果不能保持低调做人的本色，就会与大多数人产生距离甚至隔阂，其间就像多了一层隔板，在沟通上造成障碍。所以，从这一意义上说，地位越高的人，越应该保持低调做人的本色。只有收住自己，才能收住人心，只有摆平自己，才能摆平他人。就像帕尔梅首相一样，时刻秉承谦卑的豁达心态。

要学会低调地处理人与人之间的关系，学会一视同仁。不要厚此薄彼，不要用势利眼和有色眼镜看人看社会。也不能因外界或个人情绪的影响，对人对事表现得时冷时热。

在实际生活中，绝大多数人都愿意接触与自己爱好相似、脾气相投的人，这在无形中也就可能冷落了其他一些人。因此，要想低调做人就要适当地调整心态，增加那些性格爱好与自己不同的人的交往，尤其对那些曾反对过自己的人，更需要经常与他们交流感情，防止造成不必要的误会与隔阂。有的领导者对工作能力强、使用起来得心应手的下级较关心和喜欢，而对工作能力较弱或话不投机的下级关心较差。这样时间长了，彼此关系就会逐渐疏远，上下级之间产生距离。

没有豁达就没有宽松。无论你取得多大的成功，无论你爬过多高的山，无论你有多少闲暇，无论你有多少美好的目标，没有宽容心，你必然会遭受内心的痛苦。所以，豁达是我们不可缺少的一种精神品质，而要想让豁达内化为自己的精神品质，做人就必须低调。

## 故事穿越

一天，苏格拉底和弟子们聚在一起聊天。有一位学生，他的父亲相当富有，于是，他趾高气扬地面向所有的同学炫耀：他家在雅典附近拥有一望无边的肥沃土地。就在他口若悬河、大肆吹嘘的时候，一直在其身旁不动声色的苏格拉底拿出了一张世界地图。

苏格拉底说：“麻烦你指给我看看，亚细亚在哪里？”

“这一大片全是。”学生指着地图洋洋得意地回答。

“很好！那么，希腊在哪里？”苏格拉底又问。

学生好不容易在地图上将希腊找出来，但和亚细亚相比，的确是太小了。

“雅典在哪儿？”苏格拉底又问。

“雅典，这就更小了，好像是在这儿。”学生指着地图上的一个小点说。

最后，苏格拉底看着他说：“现在，请你再指给我看看，你家那块一望无边的肥沃土地在哪里？”

学生找了半天，但是根本找不到。他尴尬得流下汗水，但是也明白了自己实在太过张扬了，于是说：“对不起，我找不到！”

## 故事微语

任何人所拥有的一切，与有大美而不言的天地相比，与浩瀚无际的宇宙相比，都不如沧海一粟，实在是微不足道。

从历史的长河来看，不管我们拥有什么、拥有多久，都只不过是拥有极其渺小的瞬间。人誉我谦，又增一美；自夸自败，又增一毁。无论何时何地，我们永远都应保持一颗谦卑的心。

你若想过上快乐的生活，拥有成功的人生，就必须收起那张不讨人喜欢的高傲面孔，翘起嘴角，放松眉头，用你可爱的笑脸去面对周围所有的人。因为你的形象不是用高傲的架子支起来的，而是用低调的心态铺就的。

越是伟大的人越是谦卑待人。放下身段，绝不会使高贵者变得卑微，相反，会使人们更加敬重他。这样的人把自己的生命之根深深扎在大众这块沃土之中，哪能不根深叶茂，令人敬重！

## 心灵箴言

虚己者进德之基。

——方孝孺

一个骄傲的人，结果总是在骄傲里毁灭了自己。

——[英] 莎士比亚

骄傲自满是我们的一座可怕的陷阱；而且，这个陷阱是我们自己亲手挖掘的。

——老舍

第四篇

# 留有余地：用心开垦一块温暖的土地

做一个大度的人，给事物或是他人留有余地，这样，不仅能让周围人感受到意外的包容，自己也会得到满足。杯子若有空间，就算往里面加进其他液体，也不会溢出来；气球若留有足够的空间，就不会轻易爆炸；那么，如果为人处世留有余地，便不会因为“意外”的出现而下不了台，从而可以从容转身。

# 做事不做绝，道路才宽广

## 故事话题

有一个佛门弟子，不管做什么事都非常认真，他日夜参禅，但让人不解的是，收效却甚微。

有一天，这个佛门弟子去请教师父，他想知道自己怎么才能突破一下？师父听后，就给他一个葫芦和一把盐，并对他说：“你现在去把葫芦装满水，之后再把盐放进去，让它很快的融化。”

弟子马上照办。但是，过了一会儿，这个弟子又来找师傅，对师父说：“师父，这水太满了，根本摇不了葫芦啊！我想用筷子伸进去搅拌一下，但是葫芦口太小了，进不去。因此，盐就这样沉到下面去了，肯定化不了！”

师父听后笑了笑，对他说：“这还不好办吗？你先把葫芦里的水倒出去一些不就可以了，然后再用力摇摇。”

徒弟赶忙按照师父说的，将葫芦里的水倒出去一些，果然，十分见效，摇了几下后，葫芦里的盐很快就融化了，清水骤然变成咸水。

这一下，徒弟终于悟出了其中的“真谛”。

## 故事解析

这个故事告诉我们，做任何事情都需要认真，但是，仅有认真也是不够的，还需要留有一定的“余地”。就像这个弟子，他将葫芦充满了水，自然没有了摇晃的余地，而倒出一些水后，里面的水就会灵活很多，而他也能达到了目的。

在生活当中，我们要面临很多纷繁复杂的事物，它们是千变万化的，这时，就需要给他人和事物留有足够的空间，这样，能够促进事物向既定的目标发展。就好比是上面故事中的那种情况，若是遇到葫芦口小这种情况，筷子肯定进不去，从而就搅拌不了，这样，水就把事物活动的“空间”堵死了，导致葫芦内没有了余地，这样根本不利于事物的发展，相反，还会阻碍事物的发展。

所以，在处理很多事情的时候，最好能考虑给事物留下一个适当的余地，让事物得以“回旋”。

留有余地，能够让突发的意外得到包容。杯子若有空间，就算往里面加进其他液体，也不会溢出来；气球若留有足够的空间，就不会轻易爆炸；那么，如果为人处世留有余地，便不会因为“意外”的出现而下不了台，从而可以从容转身。

总之，不管是说话还是办事，都要留有余地，这样才能让自己不至于深陷绝境。有进有退，收放自如才是最舒服的。低调的人始终相信：给别人留有余地，也是在给自己留下空间。

## 故事穿越

在韩国北部的一个乡村公路旁，种植了很多柿子树，是一个规模不小的柿子园。

每逢金秋时节，路过那里的人都能看到在那里劳碌的农民，他们呈现出了采摘柿子的背景……成熟的柿子先被摘下，未熟透的柿子依然要留在树上，等到柿子成熟时再进行采摘。但是，也有些已经熟透了的柿子，直到整个采摘过程结束也不会被摘下来，它们也由此构建了一道特有的风景。

一些游人经过那里时都会说："这些柿子又大又红，不摘岂不可惜。"

但是当地的果农听到这样的话后，是这样解释的："不管柿子长得多么好，看起来多诱人，也不会摘下来的，因为，那是刻意留给喜鹊当食物的。"

人们不太理解，认为果农用柿子喂喜鹊这件事情实在太傻了！

然而，一位经常路过这里的导游给大家讲了这样一个故事：

韩国北部的柿子园是喜鹊的栖息地，每到冬天，喜鹊们都在果树上筑巢过冬。

有一年冬天，天特别冷，下了很大的雪，几百只找不到食物的喜鹊一夜之间都被冻死了。

第二年春天，柿子树重新吐叶发芽了。

但就在这时，一种不知名的毛虫突然泛滥成灾。柿子刚刚长到指甲大小，就都被毛虫吃光了。那年秋天，这些果园没有收获到一个柿子。

直到这时，人们才想起了那些喜鹊，如果有喜鹊在，就不会发生虫灾了。

从那以后，每年秋天收获柿子时，人们都会留下一些，作为喜鹊过冬的食物。

留在树上的柿子吸引了很多喜鹊到这里来筑巢过冬，喜鹊仿佛也会感恩，到了春天也不飞走，整天忙着捕捉果树上的虫子，从而保证了这年柿子的丰收。

## 故事微语

果农特意给喜鹊留下食物，没有将柿子“一网打尽”，就是留有余地的做法。果农方便了喜鹊，而喜鹊也给他们带来帮助。

实际上，在生活中，每个人都难免会和其他人有利益冲突，或是情理摩擦，在这个时候，就应该向果农学习，即使自己占有优势也不能将对方逼入死胡同，这样做的好处是，对方不会因此做出极端的反抗，否则，试想起来，对双方都没有好处。

换句话说：如果给别人留有余地的话，自己也有了进退自如的空间。由此可见，办事、说话要考虑用全，有进有退，收放自如，机动圆活地处理和解决复杂多变的问题。

就好比驯鹿是狼群非常喜欢的食物，并且想要捕猎它们也比较容易。但是，当驯鹿的数量出现递减形势时，狼群就会自觉地尽量减少对驯鹿的捕杀，而是转移目标，将目光转移到其他动物的身上。因为，狼群很明白若在驯鹿数量大幅减少的情况下，继续捕杀它们的话，就很容易造成驯鹿的灭绝，那么，狼群以后就再也吃不到驯鹿了。

这是狼的一种生存智慧，但是也适用人类社会。

然而，行事低调的人一定会深谙此理，所以，即使在他们占据优势的时候，也不会就此不依不饶，而是考虑弱者一方的利益，他们考虑的很全面，绝不会为了眼前的利益而呈现张扬的姿态，也不会使事情走入极端。

## 心灵箴言

有福不可享尽，有势不可使尽。

——曾国藩

昔人云：话不可说尽，事不可做尽，莫扯满蓬风，常留转身地，弓太满则折，月太满则亏。可悟也！

——石成金

做事情可以失败，但不可以在没有第二次机会的时候失败。一个办法可以没百分之五十的成功率，甚至可以只有百分之十的成功率，但必须留有余地，这样，其实就拥有后续的无数个百分之白。

——徐磊

# 大度一些，得饶人处且饶人

## 故事话题

北魏孝文帝拓拔宏是一位年轻有为的皇帝，拓拔宏当皇帝的那段期间，他锐意进取，一心要革除鲜卑族人的一些陋习，于是，他大胆启用汉族人为重要官员，这一举措推动了北魏政治和经济的向前发展。

在孝文帝执政时期，当时，应形势驱使，他急需一位得力的人前往动荡的定州，帮助他稳定不安的局势，但是一时间找不到合适的人选，为此他愁眉不展。

正在他十分着急的时候，有人向他推荐说：“其实，宫中伺候您的那位汉人赵黑是个了不起的人才，大可以担当此重任。”

孝文帝对赵黑也有所耳闻，知道这个人出身低微，虽然在宫中当太监，但是个博学多识的人，很善于为大家排忧解难，所以，赵黑在宫中很吃得开，别人都挺喜欢他的。孝文帝听人这么一推荐，于是就同意了，准备对赵黑委以重任。

为了表示对赵黑的尊重，孝文帝差人摆上丰盛的酒宴，而他也是亲自与赵黑面谈到定州镇守的事情。赵黑与孝文帝边吃边谈，就听孝文帝说：“我想派你去镇守定州，希望你把满腹才学都使出来，不要辜负我的一片苦心。”

赵黑听孝文帝这样说，立刻站起来，谦让地说：“我出身低贱，才疏学浅，恐怕不能胜任。”

正在这时，一位上菜的厨师将一道热菜送上来时，恰巧一只苍蝇掉到菜盘子里了，厨师怎么都没想到会出现这种事情，他吓得面如土色，一时

间竟然说不出话来。而孝文帝看到后，只是笑了笑，然后轻描淡写地用筷子将苍蝇挑了出来，就像什么都没有发生一样。

这个厨师后来又端来一碗热汤，可是，鉴于之前的“苍蝇事件”，厨师压力甚大，他太紧张了，于是手一抖、碗一斜，热汤正好洒在孝文帝的手上，孝文帝被烫得惊呼一声，厨师吓得差点晕倒，马上跪倒请罪。然而，所有人都没有想到，孝文帝仍是一副好脾气，并未发怒，还和颜悦色地请厨师起身，并安慰这位倒霉的厨师说：“没事没事，起来吧！”

厨师一时间感激得涕泪交流，赶忙退了出去。

这一切，赵黑都看在了眼里，他心想，能够为这样的主子卖命，怎么着都值了！于是，立即感恩戴德地去定州走马上任了。

## 故事解析

孝文帝宽宏大度到这般程度，实在让人赞叹。厨师先后两次冒犯他，他不但没有生气，反而安慰惊恐的厨师，这是何等宽广的胸怀啊！正如法国文学巨匠雨果所说："世界上最大的是海洋，比海洋大的是天空，比天空更为广阔的是人的胸怀。"有了这样宽广的胸怀，怎能不让人感动，怎么不让人安心呢？做起事来怎么不会收到事半功倍的效果呢？

人的一生其实非常短暂，不过几十年的光景，然而，世界是绚丽的，生活中，有多少有意义的事等待我们去追求，所以，不要让自己被不断的"讨个说法"而耽误美好光阴，与其这样，不如心存一份宽宏，"得理之时且饶人"，因为，予他人一份宽容，也是给予自己宽容的做法。

相反，如果你是一位得理不饶人的人，那么，在为人处世时，在他人眼里，你一定是个不近人情、斤斤计较的人，恐怕没有人愿意和这样的人交往。时间长了，朋友也会逐渐疏远你。

## 故事穿越

北美原始森林里，有一种特别的灰熊。当它被猎人布设的力紧齿锐的夹子夹住后，它们通常会用自己的牙齿啃断被限制住的爪骨。逃脱后便躲起来，然后用舌头舔舐自己的伤口。

有人说，灰熊的这一行为是在伺机报复。它在等到猎人出现以后，一定会去攻击猎人，以报残爪之仇。

但是，当地的猎人却说："熊根本没有报复的念头。因为，灰熊在受伤后，只记着自己已经残了，但是，即使是残疾了也要好好活下去，这应该是源于它对猎人的宽容。"

根据这样的一种视角，作家梁晓声先生的话就能定位："即使你是一头熊，也只有四只爪子。如果被夹掉一只又被夹掉一只，报复和宽容实际上对你都没有区别了。"

## 故事微语

大度可以使你快乐，而小气只能带给你烦恼。

在人们遭遇排挤和伤害时，不妨向灰熊学习：即使受伤了，也要宽容地活下去！以此心态关闭自己的刺激点，选择宽容地忍受，甚至，连目光也不瞥过去，这样释然的人生，还有什么值得去计较呢？

宽容地活着。这是我们唯一能做的。

生活中，人与人之间相互交往，发生争执的事在所难免，磕磕碰碰的事情会常有发生。一旦有了纷争，即使你再有理，也要尽量避免过分地指责对方的不是，有哲人说过："你能宽容别人，天地都会窄小。"的确，人非草木，孰能无过？有点宽宏的度量，得理且饶人，针尖也不扎人，生活中会少了许多不愉快。

"过犹不及"，这是圣人告诫我们的流传千古的为人处事的一个准则。得饶人处且饶人。大度一些，宽容一些，在宽容他人的同时，你也能为自己赢得好处。要知道，善待别人，更是一种善待自己的行为，给自己和别人留有余地，也给自己和别人一条退路，何乐而不为呢？人与人交往中尽量对人宽容忍让，做人做事情要留有余地，太过分了，没理的就是自己了。

## 心灵箴言

遇方便时行方便，得饶人处且饶人。

——吴承恩

泰山不让土壤，故能成其大；河海不择细流，故能成其深。

——李斯

人们应该彼此容忍：每一个人都有弱点，在他最薄弱的方面，每一个人都能被切割捣碎。

——济慈

# 水满则溢，月盈则亏

## 故事话题

从前，有一位僧者自认为道义很高，在他路过一个规模不大的小寺庙时，他以十分傲慢的态度拜见了寺庙里的长老，在会见时，还过分地要求长老给他端茶倒水。

长老默默拿来水壶，然后为这个僧者倒水，然而，长老将水杯倒满时，仍然没有停的意思，而是继续倒水，水都溢出来了，还弄脏了僧者的衣服。僧者高声地斥责长老：“你为什么倒水倒满了还要继续倒？这样倒的水不就都洒出来了吗？”

长老没有生气，但也不回答，还是不停地倒水，水满溢出，这时，长老把杯中的水倒掉，之后又将杯子里倒满水……

过了一会，长老才回答僧者：“杯中的水是满的，它就不能继续装水了，只有将杯中的水倒掉，它才可以继续装下水。你说是不是水满则溢这个道理呢？”

那位僧者听完这番话后，十分惭愧地离开了。

## 故事解析

从这个小故事中，我们可以理解“水满则溢，月满则亏”这句话的真正含义。每个人都知道，谦虚是学习的朋友，能够使人进步。自满是学习的敌人、是智慧的尽头，而骄傲就是失败的排头兵，骄傲的人早晚会吃大亏。

你要懂得，世界上没有天生的天才，而真正的天才都是虚心学习而来的，他们最终能取得成功。我们要做个虚心的人，因为只有这样，你才能放下身段，虚心向人求教，学习任何你并不懂的知识。此外，虚心地对待生活中的每一件事，就能够很好地做到取人之长，补己之短，从而不断充实自己、完善自己。

当然，谦虚并不是自卑的代名词，适度谦虚，而不是整日自哀自叹，自愧不如别人，这样也是没有意义的。要懂得不做骄傲的人，因为，没有人愿意和骄傲的人成为朋友，骄傲会让你的学习停滞不前，就像那杯满的水一样，装不下任何知识了。

## 故事穿越

有一个学识渊博的教授，他气质儒雅、极具魅力，一届又一届的青年学子都为之倾倒，有人还开玩笑说他："能够桃李满天下了！"

后来，这个教授在商潮的冲击之下，想要开阔一下发展前景，跃跃欲试地兼任了一个信息与广告咨询事务所的经理。

一天，一个小杂志社的主编通过朋友介绍，来到这个教授家做客。教授热情而又不失礼地接待了他。在一番寒暄过后，主编向教授说明来意。原来，他们杂志社想要搞一项文化活动，由此来扩大自己的影响力，同时募集一些资金，所以想请教授出面帮帮忙。

教授仔细询问了一番后，说："嗯，的确，你们的想法是很不错，这样搞还是很对路子的，我也愿意帮助那些有作为的年轻人。"

接着，教授又非常有把握地许诺说："在我的那些学生中，已经有许多做企业的了，还有一些都担当部门领导了，一直以来他们都很尊重我，也一直在关注我目前做的事业，如果我请他们搞点赞助、广告什么的，应该不是问题。"

教授反复强调自己是很有把握的，使这位主编大喜过望，信心大增，这个事情就行动起来了。

主编动用了各种关系，好话说了一箩筐，好不容易请来了一些小有名气的人，人家还是勉强答应来捧场……主编信任教授，只等教授将赞助款弄过来了，可是，当他要发布消息的时候，这位教授忽然联系不上了。但是，杂志社已经把各路菩萨一一拜到，却因"东风"不到计划搁浅，不但白白劳神费力搭钱，还得罪了一些名人。真是赔了夫人又折兵。主编面对自己的烂摊子甚是无奈。

而对于教授的失信，他更是满腹的怨言。

那么教授呢？实际上，他的日子也不好过。因为，他也没少尽力，但是没有看到成效，他向老朋友是这样诉苦的："为拉赞助，我不知费了多少口舌，甚至把我的老脸都丢尽了！但就是不行，这下我倒好，平白无故得罪了那么多人，真成了猪八戒照镜子，里外都不是人了！"

## 故事微语

这是一个深刻的教训，教授的大话让他吃尽了苦头，也让那位主编深陷窘境。可见，那些平时爱说大话，喜欢轻易许诺的人，一定要懂得“水满则溢，月盈则亏”的道理，学会收敛和低调，千万不能为了显示自己的能耐而信口答应别人。

当亲朋好友托你办某事时，一定不要不假思索地满口应承，而是仔细想想自己能否办得到、办得好，这是一种对他人、对自己都负责任的态度。要将自己的能力与事情的难易程度以及客观条件都统统考虑一下，然后再做出决定。

千万不要因为一时的面子，应下自己根本办不到的事情，这样耽误别人，也让自己的信誉大打折扣。

## 心灵箴言

切勿飘飘然。

——[英] 狄更斯

满而不溢，泰而不骄。

——桓宽

君子浩然之气，不胜其大，小人自满之气，不胜其小。

——薛宣

# 有一种精神叫“不怕吃亏”

## 故事话题

刘绥是东汉和帝刘肇的皇后，她自幼性格柔顺，是一个甘愿委屈自己以宽慰他人的善良的人。在她5岁的时候，有一次，她的祖母给她剪发，但是，因为年纪大，老眼昏花，不小心将邓绥的额头碰破了，鲜血直流，但是，邓绥仍旧强忍着疼痛，一声不吭。当别人问她：“你这样做，难道不知道疼吗？”

邓绥答：“当然不是不知道疼痛。但是，祖母那么疼爱我，她亲自为我剪发，我若喊痛，一定会伤她老人家的心，所以我还是忍住了。”从这件事就能反映出邓绥谦卑待人的品格。

东汉永元七年邓绥被选入宫，成为和帝的贵人。进宫以后，邓绥格外谦卑小心，尤其在第二年时，另一个贵人阴氏身为贵戚被立为皇后，邓绥的一举一动都格外皆遵法度，对待与自己同等身份的人，邓绥总是克己下之。即便是宫人奴才们，邓绥也不摆主子的谱。

有一次，邓绥生病了，当时宫禁特别严格，外人不能轻易进宫，经过特别恩准，邓绥的母亲和兄弟来到宫里照顾邓绥，并且可以不用受时间上的限制。

但是，邓绥知道后，就对和帝说：“宫廷禁地，对外人限制极严，而让妾亲久留宫内很不合适，人家会说陛下私爱臣妾而不顾宫禁，也会说我受陛下恩宠而不知足，这对陛下和臣妾都没有好处，我真不愿意您这样做。”

和帝听后非常感动，知道邓绥是个非常体恤他人的人，便说：“别的贵人都以家人多次进宫为荣，只有邓贵人以此为忧，这种委屈自己的做法是别人比不了的。”

从此，便对邓绥更加宠爱了。

邓绥得到和帝更多的宠爱，但她没有恃宠而骄，反而更加谦卑。因为，她甚知皇后阴氏的脾气，能够清晰感到阴氏对她的记恨，所以在阴氏面前她更加谦恭。每次皇帝举行宴会时，别的嫔妃贵人都竞相打扮，用心穿戴，只有邓绥例外，她总是穿素服，且丝毫没有装饰。若是看到自己所穿的衣服的颜色有时与阴氏相同时，她会立即就会更换。对阴氏毕恭毕敬。

邓绥如此谦恭，深有自知之明，行事低调，所以进一步赢得了和帝的好感，这也反衬出了皇后阴氏的骄横。阴氏逐渐失宠，为此十分恼怒。在永元十四年，她制造巫蛊之术，想要谋害邓绥，不料阴谋败露，阴氏被幽禁，最后忧愤而死。

在阴氏死后，和帝想立邓绥为皇后。但是邓绥得知消息便开始自称有病，深处宫中不露，以示辞让。然而，和帝十分想立她为后，认为：“皇后之尊，与朕同体，上承宗庙，下为天下之母，只有邓贵人这样有德之人才可承当。”

永元十四年冬，邓绥终于被立为皇后。

## 故事解析

在利益面前，如果不顾一切去争抢，总是害怕自己吃一点亏，这种行为实在有些小气，但是，这又是很多人的一贯做法。其实，这种做法却是不明智的，因为这样，得来的结果很有可能是争来了“芝麻”却丢掉了“西瓜”。

低调的人，在利益面前一定会坚持谦让为怀，这样做的结果反而是能够获得更大的福气。

故事中的邓绥就是一个极为低调的人。她的以谦让为怀的态度让和帝感到很难得，于是对她十分宠爱。在邓绥当上了贵人后，阴氏表现出了骄横、吃不得眼前亏的样子，因此而失宠。从这个事例中，我们是不是可以看到吃亏是一种福气呢?

对于个人来说，吃亏是福。对一个团体来讲，如果人人都能做到谦让为怀，那么换来的将是整个团队的福气。

## 故事穿越

在春秋时代，晋国和齐国在鞍大战，最终，晋军大败齐军。当晋军凯旋时，副帅士燮最后一个进入国都，这使得他的父亲抱怨说："你难道不知道我有多盼望你回来吗？为什么不能早点回来？"

士燮说："一般来说，军队凯旋，国内的人们必然热情欢迎。那么，先回来的人一定会特别引人注意，这岂不是要代替主帅领受殊荣吗，所以，我是不敢先回来的。"父亲听后，对他的做法表示很赞赏。

后来，在论功行赏时，晋景公对统帅郤克说："这次我军大胜是你的功劳啊！"

郤克回答："这次胜利完全是君王的训教和几位将帅的功劳，我其实并没有什么功劳。"

之后，晋景公称赞士燮的功劳与郤克一样大，但是，士燮说这是自己是听从荀庚命令、接受郤克统帅的结果。

景公称赞栾书，栾书说："这次胜利有赖于士燮的指挥和士兵的奋力作战。"

就这样，晋军将领们相互谦让、推功于人，他们的行为也反映出来他们团结协作的美德，正是因为他们拥有共同战斗的精神，才能大败齐军。

## 故事微语

晋国的将帅在大胜而归，论功行赏时，表现出了在名利面前互相礼让的美德，晋国百姓也因此而团结一心，让国家几世受益。

做一个不怕吃亏，懂得谦让的人，有这样的品德，一定会促使国家安和人民安，而这样的人也会为自己赢得世人尊重。

在利益面前，如果你能做到处处谦让为怀、礼让别人，那么，你就一定能收获到福气，从而赢得尊重，当然也会获得大的利益。吃亏是福，从长远来看，吃亏的人会因为其度量的广大而被赞赏和尊敬，赢得尊重，自然会收获到一连串的福气。

## 心灵箴言

老实人从来不吃亏。

——[尼日利亚] 约翰·克拉克

世界上没有便宜的事，谁想占便宜谁就会吃亏。

——徐特立

愚蠢庸俗、斤斤计较、贪图私利的人总是看到自以为吃亏的事情。

——[德] 马克思

# 不要为眼前的利益而忘乎所以

## 故事话题

一年夏天，青黄不接，一只老鼠出来觅食，却意外地掉进了一个盛有半缸粮食的米缸里。面对这飞来的口福，老鼠真是大喜过望，它扫了一眼四周，又竖起耳朵听了听，确定没有什么危险之后，就开始狼吞虎咽，吃完后，就倒头大睡起来。

就这样，老鼠在米缸里吃了睡，睡了吃，一连几天过去了，自己都不知道在里面多久了。

日子不知不觉地在丰衣足食的悠闲中过去了。也有一些时候，它试图想要跳出缸去，但是，一想到出去后可能就没有吃的了，便舍不得放弃眼前白花花的大米。

直到有一天，米缸里的米快被它吃完了、见了底，它才发现此时的高度自己就是想跳出去，也没有这个能力了。

## 故事解析

为了能够有饭吃，老鼠舍不得放弃这个米缸，它每天吃了睡、睡了吃，最终用生命作为代价，向人们证明不要为眼前这点利益忘乎所以的重要性。

很多人都会嘲笑老鼠的愚蠢，深知老鼠如果能够早点跳出去，就能万事大吉了。但是，放弃眼前的这份好处，想必很多人都不会那么舍得的。

其实，人也会犯老鼠的错误：因为不舍得放下到手的名利，有的人整天东奔西跑；有的人机关算尽，想尽办法也要利用各种机会捞一把，而结果，却是作茧自缚。因为放不下对权利的占有欲，有的人热衷于溜须拍马、行贿受贿，不惜丢掉人格的尊严……

人生的哲理就像老鼠贪吃一样简单。舍不得丢掉眼前的蝇头小利，不懂得放弃，最后失去的反而更多，甚至付出生命的代价。

## 故事穿越

一株葡萄藤想不甘于平凡的生活，它想独立自主，过无拘无束的生活，和其他同伴过不一样的人生。于是，它攀附到一棵衰朽的老树上。而那些顺着农民竖的木桩生长的葡萄藤，在看到它攀爬大树的情景时，感到大惑不解，于是都纷纷问那株葡萄藤："你爬到这棵老树上会有什么好处？它已经奄奄一息了，要是刮阵风倒了，你可怎么办？"

这棵葡萄藤刚愎自用地说："用不着你们担心！我要按自己的意志生活。"

面对葡萄藤无礼地回答，其他普通的葡萄藤就不再说什么了。

这株不甘于平凡的葡萄藤缠绕住那棵老树，使劲向上爬，一心想要超过所有的同伴，使自己嫩绿的枝叶接受到更充足的阳光、更丰沛的雨水。

但是，它选中的这棵老树已年迈力衰，无力维持生命了，树上的许多枝叶都已经枯黄，微风吹来，树干就会摇摇晃晃，随时都有折断的危险。

终于，这棵老树长长地呻吟了一声后，重重地倒在地上，那株目光短浅的葡萄藤则被死死压在沉重的树干下面。

## 故事微语

眼前利益的确很诱人，看起来是那么受用，但往往使人“一叶障目，不见森林”。古往今来，人们往往难以真正能突破眼前利益这道封锁线。

其实，每个人自身的性格、能力都是不一样的，因为人生观不同，每个人都会走出各不相同的生命轨迹。倘若做事情、想问题都只是盯着眼前的一点儿利益，而忽视个人日后的发展的话，那必然不会收获益处，严重的甚至还会影响到自己整个的职业生涯。

不论在哪个领域，或是从事怎么样的工作，都应该以长远目标为主，不要因为一点好处就做阻碍今后发展的事情，这是得不偿失的。

## 心灵箴言

眼孔浅时无大量，心田偏处有奸谋。

——冯梦龙

短浅的眼光限制了我们，使我们不相信重力、化学及植物等科学的法则。

——[美] 爱默生

真理只可能对于目光短浅的个别的人才显得狰狞可怖的，本身却是永恒的美和永恒的幸福。

——[俄] 别林斯基

第五篇

# 谨慎言谈：与其夸夸其谈不如安静倾听

说话是人们在日常生活中不可或缺的事情，没有谈论，就没有人与人之间的沟通。然而，说话更是一门艺术。在与他人交往时，青少年要懂得谨慎言谈，做一个善于倾听，懂得沉默的人，不要逞一时口快，想说什么说什么。这样，你才能为人生积蓄力量。

# 一时口快最容易得罪人

## 故事话题

一家瓷器店的营业员，在销售过程中，给一位女顾客展示了好几套瓷器，可是，这位女顾客似乎对每一套都不怎么满意，只是拿起这套看看、放下，又拿起那套瞧瞧，再放下，然后不停地抱怨这个颜色太艳，或是那套样式有些普通……

挑了半个小时，还没有挑选好一件中意的。这时，店里先后进来几个顾客，营业员这时不得不前去照应别的顾客。

这位女顾客看到没人理她了，觉得自己受到了冷落，于是立刻沉下脸来，并大声地指责说："你这是什么服务态度，没看见我先来的吗？快让我先买，我还有急事。"

这样的话加上尖利的语调，非常刺耳难听。营业员当然也不爱听，但是，营业员想：若是立刻和她高声争辩，一定会吵得不可开交，这样就没办法做生意了。于是，这位营业员没有选择争吵，而是耐心将后来的顾客安排好，再返回这个女顾客身边，对她说："请您原谅，我们店生意忙，对您服务不周到，让您久等了。"

营业员的态度和话语真诚而谦和，那位女顾客的脸一下子红了，转而难为情地说："算了，刚才我说的话也不好听，你也别在意。"

## 故事解析

有棱有角、咄咄逼人的人虽然看起来盛气凌人，但不一定有分量，相反，谈吐柔和、说话讲理的人更有说服力，并且，这样往往也能收到以柔克刚的交际效果。

有理不在声高。不仅仅是在告诫那些想要依仗声势来掩饰自己理亏的人，此外，对于那些理直气壮的人也有警示作用。告诉他们："虽然道理在自己一边，也没有必要提高嗓门，让全世界的人都听到，令对方颜面扫地。那样的话，自己的高声大气也不会有多么光彩，如此大肆声张还会给人一种得理不饶人的感觉，反倒损害自己的形象。"

因此，在说话时，切忌不能图一时口快，而是要降低调门，让语调柔和一些，因为，谈吐柔和更具备解决问题的能力。这种谦让式表达法充满了尊重、宽容和理解，本身就可以散发出来一种感化力，从而引导对方发生心理变化，朝好的方向发展。

## 故事穿越

1940 年，在前线作战的英国已经没有资金从美国“现购自运”军用物资了，一些精明的美国商人看到这种情况后，想到如果继续支持英国，自己国家反而会出现吃亏，所以，面对这个已经无利可图的生意，他们想要放弃援助。

虽然商人是这样想的，但是，总统罗斯福却不这样想，他感到很着急，因为他看出了事态的严重。要知道，英美两国是唇亡齿寒的关系，如果英国不保，美国的地位也会跟着岌岌可危。可是，如何才能让美国人认识到这一点呢？

最后，罗斯福没有指责那些目光短浅的商人，因为他认为这样只能触犯众怒而适得其反。他希望凭借妙语连珠，最终以理服人，让大家心悦诚服才好。

于是，他说：“假如我的邻居失火了，消火栓在四五百英尺以外，我有一段浇花园的水龙带，要是给邻居拿去接上水龙头，就可能帮他把火灭掉，以免火势蔓延到我家里。这时候我怎么办呢？我总不能在救火之前对他说：‘伙计，这条管子花了我 15 块钱，你要照价付钱。’这时候邻居刚好没钱，那么我该怎么办呢？我应当不要他的钱，让他在灭火之后还我水龙带。要是火灭了，水龙带还好好的，那他就会连声道谢，原物奉还。假如他把水龙带弄坏了，答应照价赔偿的话，我拿回来的就是一条新的浇花园的水龙带，这样也不吃亏。”

他发表完以上讲话后，那些原本要放弃的美国商人又重新给予英国援助了。

## 故事微语

罗斯福总统想要援助英国的决心是非常坚决的，但他并没有强硬地表达他这种态度，而是选择了一种大家都能够接受的方式，来阐述问题的严重性，达到了非常好的说服效果。这种方式是很值得人们学习的。

想要学会谈吐柔和，首先要加强个人的思想修养和性格锻炼。语言说得是美还是丑，能够体现一个的心灵，一个心灵丑恶的人，说出的话必然会是恶言恶语，因为，有善心才会有善言。

其次，谈吐柔和也是有讲究的，比如，在与人交流时要注意使用礼貌用语，表示对对方的尊重，从而博得对方的好感。无论谈论什么样的话题，都应保持说话的语调与所谈及的内容互相配合，并能恰当地表明对某一话题的态度。

## 心灵箴言

当形势不便时，是不应该逞强的。

——韩非子

公鸡只能站在它自己的粪堆上逞能。

——[古罗马] 塞内加

懒于思索，不愿意钻研和深入理解，自满或满足于微不足道的知识，都是智力贫乏的原因。这种贫乏通常用一个字来称呼，这就是“愚蠢”。

——[前苏联] 高尔基

# 有时候，沉默是最有力的辩解

## 故事话题

一群人结伴到山上去打猎，其中一个猎人，一不留神掉进了一个很深的坑洞里，他的右手和双脚都不幸摔断了，只有一只左手是健全的。

坑洞很深，又十分陡峭，地面上的人很着急却束手无策，只能在地面叫喊。

幸好，坑洞的壁上长了一些草，那个猎人凭借求生的欲望，用左手撑住洞壁，用嘴巴咬住壁上的草，慢慢往上攀登。

地面上的人就着微光，虽然看不清洞里，只能大声为他加油。

等到看清他身处险境，嘴巴咬草攀登时，大家便忍不住议论起来：

“情况真糟呀，因为他的手脚都断了呢！”

“用这种方式肯定爬不上来！”

“对呀！那些小草怎么可能撑得住他的身体啊！”

“他的母亲和妻子可怎么办才好！”

“真可惜，如果他掉下去摔死了，留下那么多家产就无缘享用了。”

在坑洞里正在努力的猎人听到这些谈论后实在忍无可忍了，他张开嘴大叫：“你们都给我闭嘴！”

然而，在这一刹那，他再度落入坑洞……

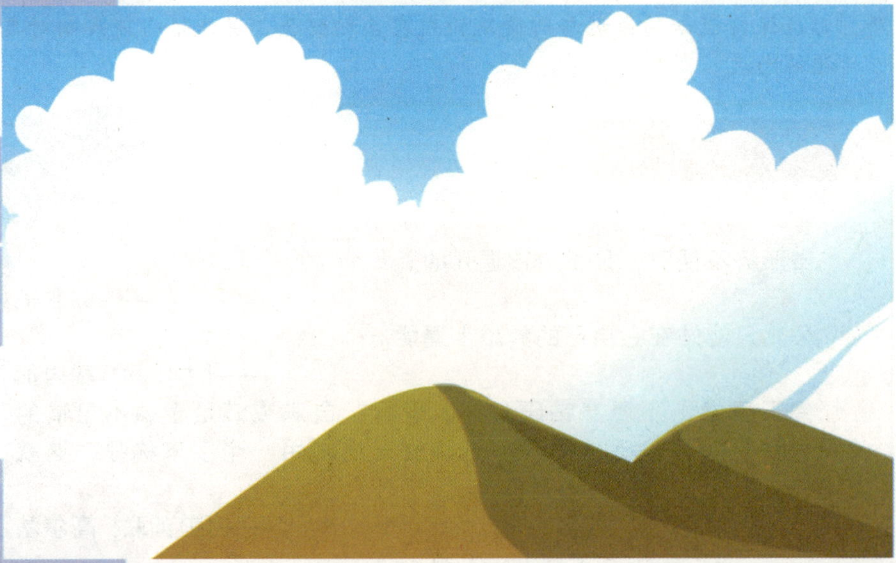

## 故事解析

“沉默是金。”沉默静守才能保持自己的清醒。当生活的巨浪袭来的时候，沉默的人可以用自己稳健的行动去做抵挡，因为，此时再好听的话都是苍白的、无效的。

沉默并不代表是没有话说，而是一种力量的积蓄，就好像是拉弓蓄力，为的是箭发时能铮铮有力，直中目标，寻找时机走出人生真正的辉煌。

有些人，在小处显得格外精明，着眼眼前的小利，他们往往也是非常善于利用机会的人，因此，他们会为了利益而不断思考，然后通过自己所知晓的那点信息不负责任地乱说，这样，就会给他人带来伤害。然而，仔细想来，自己又何尝不是吃亏的那个人呢？若东窗事发，丢人的还是自己。

还有一些人，头脑甚为简单，凡事不用大脑思考，有什么说什么，不去想是不是应该说，很有可能还被别有用心的人所利用，那么，说出的话很可能就是伤害自己的武器，与其这样，不如保持沉默。

做人需要厚道一点，听到的和见到的未必是真实的，所以，人需谨言慎行。

## 故事穿越

美国大发明家爱迪生在发明了自动发报机之后，和妻子商量着想要卖掉这项发明，然后用获得的钱来建造一个实验室。但是，他们根本不熟悉市场的行情，也不知道能卖多少钱。

爱迪生和妻子商量了很长时间。

妻子米娜也不知道这项技术究竟值多少钱，于是，她一咬牙，发了个狠心，说：“要2万美元吧。”

爱迪生听后大笑起来，说：“2万美元，太多了吧？”

后来，一位商人听说爱迪生的自动发报机后，表示非常愿意买下这项发明。商人来到爱迪生那里，和他商谈价格。爱迪生的妻子那时候不在家，而爱迪生认为2万美元太高了，根本不好意思开口和人家提，于是，他一直沉默不语。

商人几次追问他，爱迪生始终不好意思开口。

最后，商人实在耐不住了，就说：“那我先出个价吧，我愿意出10万美元，你觉得呢？”

爱迪生一听，大喜过望，立刻与商人拍板成交。

## 故事微语

有时候，沉默可以给对方和自己都留有余地。

爱迪生因为不好意思开口要价，所以一直沉默不言。最后，商人终于按捺不住，主动提出一个价格，然而，这个价格对爱迪生来说简直是做梦都没有想到的。可见，沉默带来了好处。

鲁迅说：“真的猛士，敢于直面惨淡的人生，敢于正视淋漓的鲜血。”也就是说，在遇到各种不如意的事情时，与其叽叽喳喳做无力的挣扎，不如选择沉默，因为，沉默是人生为人处世的一种态度，是一个国家跻身于世界之林的一种睿智。“沉默是金”，这是一个用血铸成的哲思。只有懂得沉默的人，才有可能厚积薄发。

## 心灵箴言

说话是银，但沉默是金。

——[美] 克莱尔

我深信实事求是而不讲空话的人，一定没有许多话可说。

——[美] 爱迪生

虽然言语的波浪永远在我们上面喧哗，而我们的深处却永远是沉默的。

——[美] 纪伯伦

# 做一个善于倾听的人

## 故事话题

在一个早晨，有一位老顾客怒气冲冲地闯入一家公司总经理的办公室。总经理创办人德迪茂的办公室内。顾客对总经理宣泄不满，其实内容很简单，就是顾客和公司财务部门因为 15 美元而产生的分歧，顾客很不满，所以找到总经理来理论。

公司的总经理静静听着这个顾客的话，起初，他想打断这个顾客，但发现这位顾客确实要说的话还很多，就耐着性子选择听下去。直到顾客气冲冲地说完，总经理才开口说话。总经理先是笑了笑，然后示意顾客坐下，才说："谢谢你到这里来告诉我这件事，你帮了我一个大忙，如果是我们财务部惹恼了你，他们也会惹恼别的主顾，那样就太糟了。真要谢谢你告诉我这一切。我会好好处理的。"

这位老顾客，没想到总经理会这样说，他是准备和总经理一并理论的，所以有点措手不及，想来他一定是过来挑衅的，但是总经理没有和他理论，反而感谢他，并不与他争论辩斗。所以一时间有些不知该怎么办了。

总经理见状，还帮他打圆场，表示叫来财务人员，当面将事情解决好。老顾客无言以对，事情解决好后。老顾客跟总经理说："请原谅我的鲁莽。"

## 故事解析

可以说，这是一个因重视倾听顾客申诉不满，而最后融洽了彼此间关系的很好的范例。这位总经理做到了善于倾听，从而完美的解决了事情。

马克先生被人们称为是世上最出色的名人访问者，他曾经说过这样一句话：“许多人不能让他人对自己产生好印象，是因为他们不注意听别人讲话，不把别人放在眼里。”

通常情况下，人们往往非常十分关心自己接下来要说些什么，却不愿意用心倾听他人此时在说什么。他们浅薄地认为，倾听别人的讲话，会降低自己的“身价”。很多位被采访过的名人也都表示，他们喜欢那些善于倾听的人，因为，他们不喜欢别人打断自己的讲话。但是，善于倾听这个能力看似简单，但做起来并不容易。正如《读者文摘》中所说：“许多人之所以请医生，他们所要的只不过是一个听众而已。”

现实生活中，我们很多人为了证明自己的观点正确，总是抢过话头，让别人没有发表意见的机会。与人交谈不要只顾自己说个痛快，无视别人的感受，那样不仅会令对方不悦，而且也很容易造成沟通障碍，这样也根本达不到交谈的目的。

## 故事穿越

美国在南北战争最困难的时期，林肯亲自写信邀请一位在伊里诺斯的老朋友，希望他能到华盛顿来。林肯在信中说，他有些问题要和他讨论一下。

这位老朋友如约来到白宫拜访，林肯和他交谈了好几个小时，他说到了释放黑奴的宣言中那些问题是不是适当，还将赞成和反对这件事情的理由都一一加以阐述，最后，还向老朋友阅读了一些谴责他的文章。在这些文章中，有的人怕他不解放黑奴，还有一些人却十分害怕他释放黑奴……

几小时后，林肯与老朋友执手道谢，并送他回伊里诺斯。然而，整个谈话过程中，林肯竟然从没有征求过老朋友的意见。也就是说，所有的话都是林肯说的，而这次谈话，就好像是为了能够舒畅他的心境而设立的。

林肯的这个老朋友是这样说的："谈话之后他似乎轻松了许多。林肯没有要求提意见，他要的只是一位友善、同情的倾听者，使他可以发泄苦闷的心情。那是我们在困难中都迫切需要的，那些发怒的顾客、一些不满意的雇员、感情受到伤害的朋友也都是如此。"

## 故事微语

为什么善于倾听会产生如此神奇的功效呢？因为，如果你是一个善于倾听的人，那么，对方就能从你的态度中感觉到他的话和意见是很有分量的，证明你在意他的话，重视他这个人。因此，他也会给予你尊重和理解，这样，大家交往起来就会顺畅很多。

此外，善于倾听是倾听者低调处世的一大谋略。

倾听是我们对别人的最直接的恭维。很少有人能拒绝接受专心倾听所包含的赞许。因此，如果你希望成为一个被人喜欢的人，那就先做一个能够倾听他人说话的人吧。一个倾听者，也是一个懂得将自己摆在一个次要的位置上的低调者，使倾诉者无形中成为交流的主角。而能够经常让别人成为主角，这也是让别人倾心于自己的绝妙法宝。

## 心灵箴言

耳朵是通向心灵的路。

——[法] 伏尔泰

所谓的"耳聪"，也就是"倾听"的意思。

——[美] 爱默生

要做一个善于辞令的人，只有一种办法，就是学会听人家说话。

——[美] 莫里斯

# 将严厉的指责变成温柔的暗示

## 故事话题

查尔斯·斯科尔特管理着美国钢铁公司的一家钢铁厂。

一天中午，查尔斯路过一个工厂车间，看到了几位工人正在抽烟，然而，在他们的头上，正好有一块“禁止吸烟”的大牌子，可见，这些工人确实有些明目张胆了。

换做是其他的领导，一定会走上前去，然后指着牌子将这些“违章”的工人狠狠地训斥一顿，说不定会扣他们的工资，严重了的，也许还会直接将他们辞退。

不错，很多管理者都会这样做的。但是，查尔斯没有那样做，因为，他知道什么样的方法更有说服力。他认为，纵然自己是一个管理者，但是，他也没有必要仗着自己的身份在工人面前说教。

于是，他走向那些抽烟的工人，然后递给他们每个人一根雪茄，说："各位，如果你们可以到外面抽这些雪茄，我将感激不尽。"

工人们立刻意识到自己犯错的严重性，但是，也为有这样一个老板感到庆幸，他们实在太欣赏查尔斯老板的做法了。

## 故事解析

如果你是一位员工，遇到了斯科尔特这样的一位上司，看到你抽烟是违反了公司规定，却还送给你一支雪茄，并对你非常有礼貌地说话，让你感受到是被尊重的，那么，你会不喜欢这样的人吗？

也许有的人会提出质疑："员工犯了错误，难道还不能批评了，尤其是那种明知故犯的错误？如此一来，公司还有组织性纪律性吗？"当然，不管是谁犯了错都是要接受批评的，但是，批评的目的就是让他改正错误，如果以一种轻松愉悦的方式来达到这个目的，又何乐而不为呢？

## 故事穿越

美国最伟大的牧师、演讲家亨利·华德比奇尔，于1887年3月8日逝世，让当时的人们感到十分惋惜。要知道，华德比奇尔的影响力巨大，被世人评价为“改变了整个世界的人”。

为了更好的纪念他，人们组织了一个演讲纪念大会，一个叫莱曼·阿尔伯特的人应邀去演讲，他的演讲主要面向那些因为华德比奇尔的去世而哀伤不语的牧师们。

因为阿尔伯特十分希望拿出最好的状态进行演讲，所以，他把自己的演讲稿写了改，改了又写，还做了几次润色。后来，他将演讲稿读给了妻子听，让她提出意见。

妻子却感觉写得很不好，但考虑到自己如果直接这样说出来，阿尔伯特一定会感到很不快的，所以，为了让丈夫能够愉快地接受自己的意见，她是那样说的：“莱曼，这篇演讲稿如果刊登在《北美评论》杂志上，将会是一篇极佳的文章。”

莱曼·阿尔伯特一听，立即就懂了妻子的意思。他自己想想，的确，这个稿子如果刊登发表的话，也许还不错，但是，如果作为现场演讲的稿子，显得有些华而不实了。于是，他果断撕掉稿子，最终决定脱稿演讲。

## 故事微语

要想改变一个人，同时又不想伤害那个人的感情，甚至，希望对方一次感激、更喜欢你，那么，最有效的方法就是采用委婉的暗示方式，提醒其注意自己犯的错误。

就像莱曼·阿尔伯特的妻子一样，虽然心里觉得丈夫将演讲稿弄得很华而不实，不适合演讲，但是又不想伤丈夫的自尊心，不想打消他的积极性，于是，采用了婉转的方式，让人听起来不会感觉不舒服。这样，即起到了给对方提意见的目的，还不会伤害对方，可谓是一举两得的好办法。

## 心灵箴言

语贵含蓄。

——姜夔

善言情者，吞吐深浅，欲露还藏。

——陆时雍

言近而旨远，辞浅而义深，虽发语已殚，含意未尽。使人读者，望表而知里。

——刘知几

# 不轻易发表较为自我的言论

## 故事话题

在古罗马时代，有一位名为马西尔斯的英雄，他战功赫赫，无人不知。马西尔斯以战神科里奥拉努斯的美名而著称于世。在公元前454年，马西尔斯开始盘算着角逐最高层的执政官，来帮助自己拓展名望，从而进军政界。

想要竞逐这个职位的人，需要在选举初期发表演说，马西尔斯也不会例外。在演讲时，马西尔斯以自己多年来为战争而留下来的很多伤疤作为开场白。他想要用那些伤疤证明他的勇敢以及他的爱国精神。人们看到这些后深为感动，所以，都希望他能够当选。

在投票日来临的前夕，马西尔斯在所有元老和贵族的陪同下走进了会议厅。这次还要进行一次发言，但是这次，马西尔斯的发言内容大部分是说给那些陪他前来的富人听的，忽略了其他绝大部分公众。当时，他说了很多讨好贵族的无聊笑话，还傲慢地直言，自己一定会当选，进而又对自己的战功吹嘘一番，还无理地指责对手。

第二次演说很快在罗马被人熟知，于是，人们纷纷改变了投票意向，都不愿选择马西尔斯了。在他落选之后，心怀怨恨，又重返战场，并发誓要报复那些投票反对他的平民。

没过多久，元老院针对一批运抵罗马的物品是否免费发放给百姓这个议题投票，马西尔斯参加了讨论，他表示，认为发放粮食会给城市带来不利影响，所以不赞同发放，接着，他还对民主大肆谴责一番，倡议取消平民代表，将统治权交还给贵族。

马西尔斯的这一自私的言论彻底激怒了平民，大家结成团队，赶到元

老院前，要求马西尔斯出来与他们对质，但是，元老院不答应，于是，全城爆发了暴动，元老院迫于压力，终于投票赞成发放物品。

然而，老百姓还强烈要求马西尔斯公开道歉，否则不允许他重返战场。于是，马西尔斯迫于压力，在群众面前发言。起初，他言语缓慢而柔和，但是，没多久就原形毕露，变得越来越粗鲁，最后直接口出恶言，侮辱百姓。

百姓们甚感愤怒，高声抗议他中断发言，护民官们一致同意判处他死刑，最终，他被自己极端的言论害死了。

## 故事解析

如果马西尔斯不发表那么多自以为是的言论，也就不会冒犯老百姓，可惜，他最终无法控制自己的言论，自食其果。

现实生活中，还有很多像马西尔斯这样的人，他们刚愎自用，不顾他人感受，自私自利，从而惹恼他人，招致他人的厌恶。

俗话说：“言多必失。”本来三言两语就可以说明白的事，不要长篇累牍去阐释，那样轻则遭人厌烦，重则会因说了不该说的话而给自己带来麻烦。所以说，说话切忌不能信口开河，因为，你很有可能掉进自己设下的陷阱。

自我吹嘘，只是在于强为自己扬名罢了。生怕别人不知道自己的长处和优势，然而，在社会里生存，还是要低调一些才好，人们最不喜欢的人中，有相当一部分是喜欢在别人面前自吹自擂的人。

## 故事穿越

美国有位总统，在庆祝自己连任时，将白宫开放，他要与100多位朋友亲切交谈。

一个小男孩问总统：“小时候哪一门功课最糟糕，是不是也挨老师的批评？”

总统回答：“我的品德课不怎么好，因为我实在太爱讲话了，所以常常干扰别人学习。那时候，老师当然要经常批评的。”

类似这个小孩的问题还有很多，总统都一一回答，使现场气氛非常活跃。

后来，有一位来自芝加哥的贫民区，名字叫玛丽的女孩，她对总统说：“我每天上学都很害怕，因为害怕路上遇到坏人。”

总统听到这句话后立刻收起笑容，严肃地说：“我知道现在小朋友过的日子不是特别如意，因为有关毒品、枪支和绑架的问题，政府处理得不理想。我希望你好好学习，将来有机会参与到国家的正义事业之中。也只有我们联合起来和坏人作斗争，我们的生活才会更美好。”说完，总统紧紧抓住了小朋友的手，使小朋友在心里面认为总统和他们是好朋友。

即使场外的大人们看到这样的对话场面，也会感到总统是一个亲切的人。

## 故事微语

一个贵为总统的人，在他人眼里必然是高大得触不可及，但是，这位总统表现出来的态度却是那么的平易近人。其实，他说的话，在绝大多数人听后都会被当成金科玉律，但是，总统没有这样拿架子。相反，即使是对小朋友，他都十分谦逊，对小朋友的问题进行认真作答。

每个人都十分希望自己得到别人的羡慕、尊敬和认可，这种心理无可厚非，但一定要注意方式，即使你说话再狂妄，别人也不会自认不如。相反，还会让他人产生厌恶、反感的心理。所以，不如学习故事中的总统那样，低调一些，谦虚一些，反而更能赢得别人的敬重。

## 心灵箴言

固执己见的人往往做错事。

——[英] 丘吉尔

妄自尊大只不过是无知的假面具而已。

——[法] 伏尔泰

年轻人不可中途插嘴，说的时候要用请教的态度，不能像教训别人似的。应该避免固执的态度和傲慢的神情，要谦逊地提出问题。谦逊不会遮住他们的才能，也不会减弱他们的理由的力量。它反而可以使他们得到更好的注意，使他们所说的话宜于让人接受。

——[英] 洛克

# 心灵榜样微史话

## 塞内加

塞内加(前 4—65)，古罗马悲剧家。生于罗马帝国行省西班牙，早年到罗马，受过很好的修辞学训练，擅长演说，对哲学、宗教、伦理道德和自然科学都有研究和著作，是古罗马斯多葛学派的代表人物之一。

公元 41 年，可能由于涉及宫廷阴谋案件，被罗马皇帝克劳狄乌斯流放到科西嘉岛。公元 49 年，克劳狄乌斯的妻子将他召回罗马作她儿子尼禄的教师。公元 54 年，克劳狄乌斯去世，尼禄登基，塞内加辅佐朝政，掌握国家大权。后来由于尼禄日渐昏暴，塞内加便于公元 62 年自行隐退，从事研究和著述。公元 65 年，他因涉嫌谋杀尼禄而被迫自杀。

塞内加的哲学思想和他的生活实际是矛盾的。他提倡简朴的生活和内心的宁静，鄙弃财富，却从尼禄那里获得大量钱财，使他成了罗马帝国一大富豪。

## 丘吉尔

温斯顿·伦纳德·斯宾塞·丘吉尔(1874—1965)，英国历史学家、政治家、画家、演说家、作家、记者，其所著《不需要的战争》获 1953 年诺贝尔文学奖，著有《第二次世界大战回忆录》6 卷、《英语民族史》4 卷等。他是历史上掌握英语单词词汇量最多的人之一(12 万多)，被美国杂志《展示》列为近百年来世界最有说服力的八大演说家之一，曾荣获诺贝尔和平奖提名。

1940—1945 年、1951—1955 年期间曾两度任英国首相，被认为是 20 世纪最重要的政治领袖之一，带领英国获得第二次世界大战的胜利。1929 年至 1965 年临终，连续 36 年担任英国布里斯托大学校长。2002 年，BBC 举行了一个名为“最伟大的 100 名英国人”的调查，结果丘吉尔获选为有史以来最伟大的英国人。

《星期日泰晤士报》评论说："今天，温斯顿·丘吉尔不仅是英国精神的化身，而且是我们的坚强领袖。不仅英国人，整个自由世界都对他无比信任。"

还有，丘吉尔是有名的顽固反共人物。但在第二次世界大战的关键时刻，在处理对苏关系问题上，他以一个杰出政治家的巨大勇气和高度灵活性，从英国人民的根本利益出发，完成了英国政治和他本人政治生涯中的重大历史性转折，毫不犹豫地与苏联结为盟国，使不同意识形态下的反法西斯力量在特定的历史条件下结成了统一战线，从而保证了赢得战争的最后胜利。

**纪伯伦**

纪·哈·纪伯伦（1883—1931）是美籍黎巴嫩阿拉伯作家。被称为"艺术天才""黎巴嫩文坛骄子"，是阿拉伯文学的主要奠基人，20世纪阿拉伯新文学道路的开拓者之一。其主要作品有《泪与笑》《先知》《沙与沫》等，蕴含了丰富的社会性和东方精神，不以情节为重，旨在抒发丰富的情感。纪伯伦和泰戈尔一样是近代东方文学走向世界的先驱。

《先知》被认为是他的代表作，作者以智者临别赠言的方式，论述爱与美、生与死、婚姻与家庭、劳作与安乐、法律与自由、理智与热情、善恶与宗教等一系列人生和社会问题，充满比喻和哲理，具有东方色彩。纪伯伦并自绘充满浪漫情调和深刻寓意的插图。

他是位热爱祖国、热爱全人类的艺术家。在诗《朦胧中的祖国》中讴歌："您在我们的灵魂中——是火，是光；您在我的胸膛里——是我悸动的心脏。"他曾说："整个地球都是我的祖国，全部人类都是我的乡亲。"

爱与美是纪伯伦作品的主旋律，文学与绘画是他艺术生命的双翼。

在纪伯伦的心目中，祖国黎巴嫩是世界上最美丽的地方。就像在他的作品中所写到的："只要我一闭上眼睛，那充满魅力、庄严肃穆的河谷、雄伟多姿的高山，便展现在面前；只要我一捂上耳朵，那小溪的潺潺流水和树叶的沙沙声便响在我的耳边，我像哺乳的婴儿贪恋母亲的怀抱那样，思念这往昔如画的美景。"

在比喻中启示深刻的哲理。他清丽流畅的语言征服了一代代世界读者。

**奥斯特洛夫斯基**

尼古拉·阿列克谢耶维奇·奥斯特洛夫斯基，前苏联作家，坚强的布尔什维克战士、著名的无产阶级作家。他的长篇小说《钢铁是怎样炼成的》是 30 年代苏联无产阶级革命文学中最优秀的作品之一。

1927 年初，22 岁的奥斯特洛夫斯基完全瘫痪，卧病在床。他的双目开始失明。正是在这一人生的艰难时刻，他决意通过文学作品，来展现自己所处时代的面貌和个人的生活体验。

《钢铁是怎样炼成的》一书获得了空前的成功，超出了所有人的预期。早在 1934 年，该书就被翻译成乌克兰语、波兰语、摩尔多瓦语和楚瓦什语。读者的来信如雪片般纷至沓来。

尼古拉·阿列克谢耶维奇·奥斯特洛夫斯基的一生是个奇迹：尽管饱受病痛折磨，但从未向死神低头。在体能严重衰竭的情况下，他执意要将这部描写自己这代人命运的小说留传后世。虽然他去世时仅 32 岁，但这时他已经是闻名全世界的无产阶级作家。

一些文学评论家，尤其是现今的评论家，一直质疑奥斯特洛夫斯基小说的艺术价值。争鸣当然是允许的，但毋庸置疑的是，这部作品曾帮助世界不少国家的众多读者度过了乍看上去似乎无法逾越的难关，它令众多濒于绝望的人获得了重生。这样的事例不胜枚举。这才是小说的真正价值所在。而奥斯特洛夫斯基与病魔搏斗所体现出的勇敢精神，已成为全人类顽强抗争的宝贵榜样。

**巴甫洛夫**

巴甫洛夫·伊凡·彼德罗维奇（1849—1936）俄国生理学家、心理学家、医师、高级神经活动学说的创始人，高级神经活动生理学的奠基人。条件反射理论的建构者，也是传统心理学领域之外而对心理学发展影响最大的人物之一，曾荣获诺贝尔生理学奖。

巴甫洛夫在学术上的贡献，主要在于三方面：

1.心脏的神经功能；

2.消化腺的生理机制（获诺贝尔奖）；

3.条件反射研究。

对以后心理学发展影响最大的是由他的条件反射研究所演变成的经典条件作用学习理论。

他的主要作品为：《心脏的传出神经》《主要消化腺机能讲义》

《消化腺作用》《动物高级神经活动［行为］客观研究 20 年经验：条件反射》《大脑两半球机能讲义》。

## 达·芬奇

列昂纳多·达·芬奇，又译莱昂纳多·达·芬奇、李奥纳多·达·芬奇，是意大利文艺复兴时期的一个博学者：除了是画家，他还是雕刻家、建筑师、音乐家、数学家、工程师、发明家、解剖学家、地质学家、制图师，植物学家和作家。他的天赋或许比同时期的其他人物都高，这使他成为文艺复兴时期人文主义的代表人物，也使得他成为文艺复兴时期典型的艺术家，也是历史上最著名的画家之一，与米开朗基罗和拉斐尔并称文艺复兴三杰。

## 海明威

欧内斯特·米勒尔·海明威(1899—1961)，美国作家和记者，被认为是 20 世纪最著名的小说家之一。出生于美国伊利诺伊州芝加哥市郊区的奥克帕克，晚年在爱达荷州凯彻姆的家中自杀身亡。海明威一生中的感情错综复杂，先后结过四次婚，是美国“迷惘的一代”作家中的代表人物，作品中对人生、世界、社会都表现出了迷茫和彷徨。

在海明威一生之中曾荣获不少奖项。他在第一次世界大战期间被授予银制勇敢勋章；1953 年，他以《老人与海》一书获得普利策奖；1954 年，《老人与海》又为海明威夺得诺贝尔文学奖。2001 年，海明威的《太阳照样升起》《永别了，武器》两部作品被美国现代图书馆列入 20 世纪中 100 部最佳英文小说。

海明威一向以文坛硬汉著称，他是美利坚民族的精神丰碑。海明威的作品标志着他独特创作风格的形成，在美国文学史乃至世界文学史上都占有重要地位。

## 范仲淹

范仲淹(989—1052)，字希文，汉族，北宋著名的政治家、思想家、军事家、文学家、教育家，世称“范文正公”。仁宗时，担任右司谏。景祐五年(1038 年)，在西夏李元昊的叛乱中，与韩琦共同担任陕西经略安抚招讨副使，采取“屯田久守”方针，协助夏竦平定叛乱。

庆历三年(1043 年)富弼、韩琦等人参与“庆历新政”。提出了“明黜陟、抑侥幸、精贡举”等十项改革建议。历时仅一年。后因为遭反对，被贬为地方官，辗转于邓州、杭州、青州，晚年在知杭州期间，设立义庄，皇佑四年(1052 年)病逝于徐州，谥文正。著有《范文正公文集》。

范仲淹文学素养很高，写有著名的《岳阳楼记》，其中“先天下之忧而忧，后天下之乐而乐”为千古名句。也留下了众多脍炙人口的词作，如《渔家傲》《苏幕遮》，苍凉豪放、感情强烈，为历代传诵。欧阳修曾称《渔家傲》为“穷塞主词”。

**曾国藩**

曾国藩(1811—1872)，初名子城，字伯函，号涤生，谥文正，汉族，出生于湖南长沙府湘乡县杨树坪(现属湖南省娄底市双峰县荷叶镇)。晚清重臣，湘军的创立者和统帅。清朝战略家、政治家，晚清散文“湘乡派”创立人。晚清“中兴四大名臣”之一，官至两江总督、直隶总督、武英殿大学士，封一等毅勇侯，谥曰文正。毛泽东曾说：“愚意所谓本源者，倡学而已矣。博学如基础，今人无学，故基础不厚，进惧倾记。愚于近人，独服曾文正，观其收拾洪杨一役，完满无缺。使以今人易其位，其能如彼之完满乎?”表达出对这位已故乡人的推崇之情。

毛泽东说：“曾国藩具有高深的学问素养，是一个办事(干出事业)兼传教(留下思想学说)之人”。《清史稿·曾国藩传》也说：“国藩事功大于学问，善以礼运。”

他一生勤奋读书，推崇儒家学说，讲求经世致用的实用主义，成为继孔子、孟子、朱熹之后又一个“儒学大师”；他革新新桐城派的文章学理论，其诗歌散文主持了道(光)、咸(丰)、同(治)三朝的文坛，可谓“道德文章冠冕一代”。

**康有为**

康有为(1858—1927)，原名祖诒，字广厦，号长素，又号明夷、更生、西樵山人、游存叟、天游化人。汉族广府人，生于广东省广州府南海县丹灶苏村，人称康南海，光绪廿一年［1895年］进士。

康有为是中国近代史上著名的思想家、政治家、教育家和文学艺术家，资产阶级改良主义的代表人物，清末“戊戌变法”的主要发起者。清代“碑学”书法的积极响应者和亲身实践者，是继包世臣后又一大书论家。他信奉孔子的儒家学说，并致力于将儒家学说改造为可以适应现代社会的国教，曾担任孔教会会长。著有《新学伪经考》《孔子改制考》《大同书》等。

**老舍**

老舍(1899—1966)，原名舒庆春，字舍予，基督徒。老舍是他在小说《老张的哲学》中开始使用的笔名。北京满族正红旗人，中国小说家、文学家、戏剧家。

五四运动时期开始新文学创作。1924年旅居英国，任伦敦大学东方学院汉语讲师。1926年加入文学研究会，1930年回国，先后在齐鲁大学、山东大学任教。

1937年《骆驼祥子》问世。抗日战争爆发后，任中华全国文艺界抗敌协会理事兼总务部主任，从事抗战文学运动。

1946年赴美讲学，1949年底回国。历任政务院文教委员会委员、中国文联副主席、中国作协副主席及书记处书记、全国人大代表、全国政协常委等职。1951年北京市人民政府授予他“人民艺术家”称号。

文化大革命初期遭受迫害，1966年8月24日在北京投太平湖自杀。

**李开复**

李开复，GOOGLE全球副总裁、中国区总裁。世界上第一个“非特定人连续语音识别系统”的创造者，美国电气电子工程师协会院士。1961年生于台湾，1988年博士毕业于美国卡内基·梅隆大学，曾任美国苹果电脑公司全球副总裁、美国SGI公司全球副总裁、微软全球副总裁，是微软中国研究院的创始人、首任院长。

# 心灵修养用语微解

**懦弱：**害怕面对眼前的事实；逃避事实，胆小怕事。

**谦和：**谦逊易接近；谦虚平和；一种一心向善，心如止水的境界。

**谨慎：**指对外界事物或自己言行密切注意，以免发生不利或不幸的事情。

**倾听：**是凭助听觉器官接受言语信息，进而通过思维活动达到认知、理解的全过程。

**暗示：**不明白地表示意思，而用含蓄的言语、示意的举动或制造某种气氛、景象使人领会。

**低调：**道家哲学。表示一种谦虚谨慎的态度，不张扬。低调是隐藏自己的能力不显示出来。

**姿态：**指容貌神态，物体呈现的样子，风格，气度等。语出三国·魏·阮籍《咏怀》之五五：“委曲周旋仪，姿态愁我肠。”

**专注：**专心注意、精神贯注、心神专一。专心注意。 清·陈廷焯《白雨斋词话》卷八：“盖兵贵精不贵多，精则有所专注，多则散乱无纪。” 柔石《二月》四：“他翻起一首极艰深的歌曲，他两眼专注地看在乐谱上。”

**执着：**指对某一事物坚持不放，不能超脱。《百喻经·梵天弟子造物因喻》：“诸外道见是断常事已，便生执著，欺诳世间作法形象，所说实是非法。” 唐·白居易《传法堂碑》：“凡夫无明，二乘执著。”

**执念：**是一种态度，对待自己，对待他人，对待社会，对待生命的态度。是个人存在的证明，是个人判断善恶好坏的唯一标准。对某物或某人或某事特别执着，当执着过分的时候就会有怨念。

**忘乎所以：** 由于过度兴奋或骄傲自满而忘记了言行应该把握的分寸。

**韬光养晦：** 隐藏光彩、才华，收敛锋芒、踪迹 。比喻隐藏才能，不使外露，待时而发。

**能屈能伸：** 能弯曲也能伸直。指人能适应各种境遇，在失意时能忍耐，在得志时能施展抱负。

**沉默是金：** 意指沉稳的人默默思考获得成功。是日常生活中常用的成语。更多时候“沉默是金”表达为一种行为处事方式。

**张弛有度：** 指松紧有度，收放自如。通常用来形容一个人比较会生活，兼顾严肃活泼，该工作的时候工作，该休息的时候休息，潇洒自如。

**锋芒毕露：** 锋，刀锋；芒，原来是指谷类种子壳上的细刺；比喻枪头；矛尖；毕，都；完全；全部。刀锋和矛尖都露出来。比喻锐气和才干全都显露出来。

**夸夸其谈：** 形容说话、写文章时浮夸，不切实际而又滔滔不绝。清·吴敬梓《儒林外史》第十一回：“进了书房门，听见杨执中在内夸夸而谈，知道是他已来了，进去作揖同，同坐下。”